吃得放心：水产品安全读本

陈 薇 胡伟国 主编

上海科学普及出版社

图书在版编目(CIP)数据

吃得放心:水产品安全读本/陈薇,胡伟国主编.
--上海:上海科学普及出版社,2016.7
ISBN 978-7-5427-6729-5

Ⅰ.①吃… Ⅱ.①陈…②胡… Ⅲ.①水产品-食品安全-基本知识②水产品-食品卫生-基本知识 Ⅳ.①TS201.6

中国版本图书馆CIP数据核字(2016)第123146号

责任编辑 丁 楠 王佩英

吃得放心:水产品安全读本
陈 薇 胡伟国 主编
上海科学普及出版社出版发行
(上海中山北路832号 邮政编码200070)
http://www.pspsh.com

各地新华书店经销 上海叶大印务发展有限公司印刷
开本890×1240 1/32 印张3.5 字数100 000
2016年7月第1版 2016年7月第1次印刷

ISBN 978-7-5427-6729-5 定价:20.00元

编委会

（按姓氏笔画排序）

奉贤区水产技术推广站：于忠利　王文雁　王建刚
　　　　　　　　　　　刘元英　李　锋　陈　薇
　　　　　　　　　　　胡伟国　高雪忠
中国水产科学院东海水产研究所：李励年　韩保平
上海市水产研究所：朱选才

序

"民以食为天,食以安为先"。食品安全是关系到百姓健康、幸福的一件大事。改革开放以来,随着人民生活水平的提高,人们对食品的需求已从"吃得饱""吃得好"提升到"吃得安全""吃得健康"的层面。从2005年起,媒体连续曝光了苏丹红鸭蛋、三聚氰胺奶粉、瘦肉精猪肉、地沟油等食品安全事件,不少市民对食品安全多了一份担忧、不信任,甚至恐惧。2006年发生的"抗生素多宝鱼"事件,又把水产品的安全问题推向了风口浪尖。

据资料统计,全世界人类疾病中有1/3是食源性疾病,也就是说有1/3的疾病是吃出来的。据2012年的一次食源性疾病监测显示,我国平均6.5人中就有1人次罹患食源性疾病。食源性疾病已成为我国最大的食品安全问题之一。调查显示,2008年有12%的受访者认为食品安全是最大的问题,而到了2011年这个数字上升了翻了近两番,达41%。在2012年"两会"上最受关注的八大民生热点调查中,排名第五的就是"食品安全基础缺失"。而在2012年7月公布的"2012中国平安小康指数"调查中,在公众"最担忧的安全问题中",食品安全居首,占81.8%。

进入21世纪后,我国水产品安全、卫生、质量的监管工作得到了加强。以上海为例,2001年市政府发布了《上海市食用农产品安全监管暂行办法》,并成立了上海市食用农产品安全监管领导小组及办公室,又把建立"主副食品流通安全防范监测网络"作为2001年上海市政府十大实事工程之一。水产系统随即建立了"上海市水产品安全防范检测网络"。为了加强水产品安全监管,必须抓住"两场"

（水产养殖场和水产批发市场），管住"两头"（生产源头和市场龙头）。上海市水产系统分别建立了水产养殖和水产品加工流通两个三级监测网络。

"上海市水产养殖业三级监测网络"的第一级是以上海市水产品质量监督检验站、上海市渔业环境监测站、上海市水产病害防治中心、上海市水生动物检验检疫站为主体的市级检测机构。第二级是在各区（县）水产病害防治中心分中心的基础上建立区（县）级检测机构。第三级是选择一批管理比较规范、基础条件比较好的水产养殖示范基地、大型良种场作为监测点，建立生产档案和生产日志制度，对养殖全过程实行监控，从而构筑起上海市水产养殖业三级监测网络。

作为上海市水产养殖主产区的奉贤区早在20世纪90年代中期，开始积极探索水产绿色养殖技术方法，早在1999～2000年就建立了全国对虾健康养殖示范区；1999年，实施面积373.1亩（1亩＝0.066 7公顷）；2000年，实施面积468.7亩；2001年起，开始推广万亩虾类健康养殖技术。奉贤区创立的对虾健康养殖模式被评为全国对虾健康养殖示范区第一名。奉贤区农委组建了水产品安全监管工作组，同时建立了上海市水产病害防治中心奉贤分中心和区渔业环境监测站，并在各镇水产技术推广站设水产品安全监管工作联络员。2008年，又在奉城镇试点建立村级（四级）水产品质量安全监管网并逐步推广，在奉贤区基本形成了地产水产品安全监管工作框架体系和安全防范监测网络。与此同时，相继出台了一系列生产技术操作规范，为提升地方水产品的质量安全水平奠定了重要和扎实的基础。

"上海市水产品加工、流通三级监测网络"是由上海市水产品质量监督检验站、两家水产品加工企业和六家水产批发市场组成。2001年，检测网就覆盖全市水产品交易量的75%，2002年，水产批发市场监测点扩大到8家,水产品安全检测率达85%。

2003年9月1日,我国第一个全面规范水产养殖生产各个环节的法规《水产养殖质量安全管理规定》正式实施,表明我国水产品养殖安全在全国范围内将会进一步得到各级政府和部门的充分重视。

几年前,由于我国的食品安全监管体系尚未完善,对农产品生产、加工、销售各环节采取分段管理,如企业生产食品由质检部门管,流通销售由工商部门管,餐饮单位由食品药品监管部门管;而农产品、保健品等则由农业部或其他某一部门单独管理,往往出了问题各部门难以协调,致使整体上监管不力。另有一个重要的原因是违法成本过低、惩罚力度不够。

2013年3月,我国组建了"国家食品药品监督管理总局",彻底改变了以前"多头、分段管理"的不合理监管体系。食品安全的主要监管部门由过去的5个减少到现在的2个,即国家食品药品监督管理总局和农业部。食品监管环节的减少意味着监管的空隙、盲区少了,部门之间职责不清、责任不明、推诿扯皮的问题也少了。在国家食品药品监督管理总局的统一布局和领导下,公众翘首期待的食品安全的监管与国际先进国家的接轨,已指日可待。

奉贤区农委　顾德平
2016年5月

目 录

第一章 天然有毒有害水产品 … 1

第一节 有毒有害鱼类 … 1
一、有毒河豚鱼 … 1
二、含组胺鱼类 … 4
三、肉毒鱼类 … 5
四、胆毒鱼类 … 6
五、卵毒鱼类 … 7
六、血毒鱼类 … 7
七、肝毒鱼类 … 7
八、油"毒"鱼类 … 8

第二节 有毒贝类 … 9
一、麻痹性贝毒素 … 9
二、腹泻性贝毒素 … 11
三、神经性贝毒素 … 11
四、健忘性贝毒素 … 11

第三节 其他天然有毒有害水产品 … 12
一、有毒淡水蓝藻 … 12
二、小龙虾与横纹肌溶解综合征 … 13

第二章 天然水产品受到生物或化学污染 … 15

第一节 天然水产品受到生物污染 … 15
一、病毒污染 … 15

二、细菌污染 …………………………………………… 16
　　三、霉菌污染 …………………………………………… 22
　　四、寄生虫污染 ………………………………………… 24
　第二节　天然水产品受到化学污染 ………………………… 29
　　一、重金属污染 ………………………………………… 29
　　二、有机物污染 ………………………………………… 33
　　三、农药污染 …………………………………………… 38
　第三节　水产品受到核污染 ………………………………… 39

第三章　养殖水产品的渔药残留 ………………………… 42

　第一节　渔药残留带来的危害 ……………………………… 43
　　一、对人体产生耐药细菌的危害 ……………………… 43
　　二、对人体产生的直接危害 …………………………… 43
　　三、对人体产生菌群失调的危害 ……………………… 44
　第二节　造成渔药残留的原因和水产品药物残留事件 …… 46
　　一、造成渔药残留的原因 ……………………………… 46
　　二、水产品药物残留事件 ……………………………… 46

第四章　水产品贮存和加工中存在的安全隐患 ………… 56

　第一节　水产品贮存不当引起的腐败变质 ………………… 56
　　一、水产品容易腐败变质的原因 ……………………… 56
　　二、辨别水产品鲜度和腐败变质的表观特征 ………… 57
　第二节　水产品贮存和加工中使用违禁或过量的添加剂 … 60
　　一、常用违禁的添加剂 ………………………………… 61
　　二、过量使用的添加剂 ………………………………… 65

第五章　餐饮业和消费者自身存在的安全隐患 ………… 68

　第一节　餐馆存在的安全隐患 ……………………………… 69

一、可能使用已死和变质的水产品作为原料 …… 69
　　二、贮存、加工时可能使用有害的佐料或化学物质 …… 70

第二节　消费者贮存和食用不当存在的隐患 …… 71
　　一、贮存的温度和时间不当 …… 71
　　二、水产品未烧熟煮透 …… 73
　　三、烹调方法不当 …… 73
　　四、生食、醉食等不良饮食习惯 …… 73
　　五、消费者贪食 …… 74

第三节　部分劣质、变质水产品的识别方法 …… 74
　　一、冰鲜鱼和冰冻鱼的质量识别 …… 74
　　二、常见水产品的质量识别 …… 76

第六章　少数人群慎食的水产品 …… 81

第一节　患者慎食的水产品 …… 81
　　一、过敏体质者 …… 81
　　二、痛风、高尿酸血症患者 …… 81
　　三、高血脂患者 …… 82
　　四、高血压患者 …… 82
　　五、甲亢患者 …… 83
　　六、脂肪肝患者 …… 84
　　七、肝炎患者 …… 85
　　八、癌症患者 …… 85
　　九、感冒患者 …… 85
　　十、凝血功能障碍者 …… 85
　　十一、不孕症者 …… 85

第二节　小儿、孕妇慎食的水产品 …… 86
　　一、鲨鱼等大型肉食鱼类 …… 86
　　二、鱼肝油 …… 86

三、紫菜、海带 ·· 87
　　四、螃蟹 ·· 87
　　五、鱼片干 ·· 87
第三节　老年人、体弱者慎食的水产品 ······················· 88
　　一、鱼肝油 ·· 88
　　二、螃蟹 ·· 88
　　三、海带根 ·· 88

附录A　养殖水产品的质量安全监管状况 ······················ 89

附录B　水产品与其他食物相克溯源 ···························· 94

参考资料 ··· 96

第一章
天然有毒有害水产品

第一节　有毒有害鱼类

一、有毒河豚鱼

河豚鱼是一类特殊的有毒鱼类,1861年首次发现食用河豚鱼中毒致死事件:两名荷兰水手吃了南非河豚的肝在17～20分钟死亡。

河豚鱼毒有卵巢毒素、肝脏毒素、河豚酸和河豚毒素四种,其中河豚毒素最毒。河豚毒素是自然界毒性最强的小分子非蛋白物质之一。结晶河豚毒素的毒性比氰酸钠(三钠)强1 250倍,1克毒素可使2 000人致死,即最低0.5毫克可毒死一个体重70千克的成年人。一般致死剂量为1～4毫克。一只猫只要舔上一点河豚鱼血就会中毒死亡。

食用河豚鱼中毒的原因主要是,河豚毒素麻痹末梢神经,抑制血液中的胆碱酯酶,导致中枢神经失调而死亡。其症状一般先是感觉神经麻痹,继而是运动神经麻痹。其特点是潜伏期很短,即发病快,短至10～30分钟,长至3～6小时即可发病。最初感觉口渴,手指、口唇、舌尖发麻;然后出现恶心、呕吐、腹痛、腹泻等胃肠道症状,以后又发展到四肢麻木无力、发冷、身体摇摆、走路困难;较严重者,可全身麻痹瘫痪、语言不清、呼吸困难、血压和体温下降、瞳孔放大、口唇发紫,失去知觉,最后因呼吸衰弱而窒息死亡。如果抢救不及时,最快可在食后1.5小时内死亡,最慢亦可能在8小时内致死,一般是4～6小时,中毒死亡率

可高达40%～60%。由于河豚毒素在体内解毒排泄较快,若超过8小时未死亡,一般可恢复,但愈后常会留下关节痛等后遗症。

河豚鱼中毒目前没有特效药可救。常用的救治方法为:(1)对中毒早期者,可用10‰硫酸镁溶液(100毫升)口服催吐,或用0.2%～0.5%高锰酸钾溶液反复洗胃,或用2‰活性炭悬浮液洗胃,以吸收毒素,或用5‰硫酸镁(50毫升)口服导泻,让毒物排出体外。民间用鲜橄榄、鲜芦根捣汁服用。(2)对呼吸浅表者,可用安纳加(0.5克)、可拉明(0.5克)、洛贝林(3～10毫克)交替肌肉注射,并辅以氧气吸入。(3)对呼吸衰竭者,可进行气管切开,插管施行人工呼吸,或静脉推注莨菪类药物(阿托品,1毫克/次;山莨菪碱,60毫克/次;东莨菪碱0.6毫克/次;樟柳碱20毫克/次)。

全世界河豚鱼品种约有200多种,我国有70多种。我国各个海域中均有分布,尤其是黄海、渤海及长江口一带更为集中,年产10万吨海捕和养殖的河豚。不同种类的河豚毒性强度不一,如一尾13厘米的红鳍东方豚(俗称虎豚)可毒死13人,一尾15厘米的虫纹东方豚可毒死33人。即使同一品种,其毒性也因季节、个体和组织器官不同而有很大差异。一般而言,河豚的卵巢毒性最强,血、肝、皮次之,眼、鳃、肾、睾丸再次,大部分品种的肌肉无毒或微毒。每年春季是河豚的产卵季节(5月下旬),这时的河豚毒性最强,排卵后毒素减半。

一般认为,在淡水中生长和养殖的河豚鱼不含有毒素,据说早在4 000多年前的大禹治水时代,长江下游地区沿岸的居民就有食用鲃鱼(暗纹东方豚的幼鱼,每尾50克左右)的习惯。那么,有什么科学依据可以说明在淡水中生长和养殖的河豚是无毒的呢?先得讲一下河豚毒素的来源。目前,有两种解释:(1)在海洋中的河豚捕食了含河豚毒素的饵料生物,如扁形动物中的平涡虫、纽形动物中的多种纽虫、软体动物中的多种海胆等;(2)河豚毒素是河豚体内一种产河豚毒素的海洋细菌(如弧菌)产生的,产毒菌分泌的毒素被肠壁吸收后,积累在卵巢、肝脏、肠、皮等部位。在淡水中生长或养殖的河豚,因为吃不到有毒的饵料生物,并且体内不存在产毒菌,因此基本上没有毒素累积,所以无毒。但用海水养殖的河豚投喂人工配合饲料,尽管也吃不到有毒的饵料生物,但体内仍可共生产毒菌,因此有可能含有毒素。

卫生部1990年公布的《水产品卫生管理办法》的第3条第2项明确规定:"河豚鱼有剧毒,不得流入市场。"实际上,大多数河豚鱼品种只有内脏有毒,而肌肉无毒,一般食用的部位是肌肉,为什么还要禁止食用呢？这是因为河豚鱼死后因内脏腐烂,其中的毒素会溶入肌肉或残血没有彻底清洗的缘故；而且由于河豚毒素很难分解,煮沸处理,卵巢内毒素需要8小时、皮内毒素需2小时、肝内毒素需0.5小时才能分解。用加压高温法,卵巢内毒素在120℃下需要3小时可以完全解毒。暴晒20天不能破坏毒素。用饱和盐水腌1个月也不能破坏毒素,河豚鱼片加工时去除了内脏,在盐腌过程中剩余毒素有一部分(约1/3)又随体液渗到体外,一旦加工处理疏忽就会发生中毒事件。据报道,江苏从1990～1997年,有150人食河豚鱼中毒,死亡46人。江阴地区1992年连续发生三起河豚鱼中毒事件,共计24人中毒,其中4人丧生。我国允许经营河豚鱼咸干品,即将新鲜河豚"三去"(去头、去皮、去内脏),放血后,洗净,按鱼体大小进行2～4天的盐渍处理,然后自然风干或晒干,而成为咸干的河豚鱼鲞。浙江一带称"乌郎鲞",上海崇明称"板鱼干",据称从未发生过食用河豚鱼咸干成品而中毒致死的事件。

在日本、韩国和我国个别地区的餐馆允许加工销售河豚鱼,并且销售量不少。如日本每年自己生产2 000～2 500吨河豚鱼,但实际需求量是3 000～3 500吨。因此,早在1987年,日本就从我国以及韩国、朝鲜进口河豚鱼。日本对河豚鱼销售有严格的规定:第一,餐馆要有河豚鱼经营许可证；第二,厨师要有资格证书。日本政府对河豚鱼的加工也做了严格的规定,河豚鱼料理店里切割河豚鱼的场所一定要与其他料理的场所严格分开,河豚专用厨房除了河豚鱼厨师以外,别人都不得入内；厨师本人离开时一定要用铁链锁把厨房门锁好。河豚鱼内脏等有毒部位有专门的容器盛放,装满后必须锁起来拿到专门地点去处理。厨师必须经过公众健康部门严格培训并且得到证书才能烹饪河豚鱼；一般厨师要取得证书,要求有2年的实习。河豚鱼烹饪加工有20多道严格的操作顺序。最后上菜时,先由厨师尝试一块鱼肉以验证是否有毒。但日本每年河豚鱼中毒死亡者仍有20～200人,这几乎都是那些

自行烹饪河豚鱼而引起的。而在料理店吃河豚鱼中毒几乎是不会发生,有人曾这样形容,如今吃河豚鱼中毒的几率(指在料理店)就好比你买彩票中了头等奖或乘飞机失事。

1993年,我国卫生部成立了一个河豚鱼安全食用协作组,先后批准了数十家餐饮店和专营店进行试食试验。1995年,卫生部下达"关于鲜河豚鱼人体试食的批文",允许在浙江和上海开展鲜河豚鱼的人体自愿试食试验。1998年,卫生部又下达"关于辽宁省开展河豚鱼人体试食的批文",允许辽宁省食品监督检验所组织沈阳、大连共9家餐饮单位进行人体试食。1998年,经协作组同意,卫生部法鉴司发文在青岛批准一家"河豚专经店",作为安全食用河豚鱼的科研试点单位之一,经6年试食,接待过50万人次消费者,未发生过一起中毒事件。江苏某生产经营河豚鱼的企业,采用连锁经营模式生产经营河豚鱼10多处,年销售量达千余吨,百余万人食用后也未发生过1例中毒事故。目前,虽然我国有个别地区允许餐厅经营河豚鱼,但市场上是绝对禁止销售河豚鱼的。市民千万不要从市场上非法购买和自行加工河豚鱼。

二、含组胺鱼类

组胺又称鲭亚目鱼毒,由于食用高含量组胺的鱼而引起的中毒,属于过敏性食物中毒。含高组胺的鱼类主要是海产鱼中的青皮红肉鱼类,如鲐鱼(又称油筒鱼、青花鱼、鲐巴鱼、鲭鱼)、蓝点马鲛(鲅鱼)、金枪鱼、扁鲣鱼(鲣鱼)、刺巴鱼、蓝圆鲹(鲥鱼);此外,还有秋刀鱼、鲭鱼、沙丁鱼、青鳞鱼、金线鱼等。由于这些鱼的肌肉中含有血红蛋白较多,因此组氨酸含量也较高,当受到能产生组氨酸脱羧酶的细菌污染后,鱼肉中的游离组氨酸在酶的催化下脱羧基形成组胺。目前已发现有112种细菌能产生组氨酸脱羧酶,包括莫根变形杆菌、组胺无色杆菌、大肠埃希菌、链球菌、葡萄球菌等,其中最主要的是莫根变形杆菌。

保藏条件对水产品中组胺含量影响很大,实质上新鲜的鱼肉不含组胺,但将鲜鲭鱼在室温下保存24小时后,组胺含量就达28.4毫克/千克,48小时后又增至1 540毫克/千克。组胺生成的最佳温度为37.8℃,在0℃贮存18小时后依然有少量组胺生成。将鲭鱼放在10℃贮存5天后,其肝脏及肌肉内的组胺含量可达1 000毫克/千克。当鱼体中组胺含量积蓄至4毫克/克时,人体摄入组胺100毫克以上就会中毒。组胺中毒是由于组胺使毛细血管扩张和支气管收缩所致。中毒症状轻者,主要是脸红、胸部以及全身皮肤潮红和眼结膜充血;同时还有脉快、心跳、头痛、头晕、胸闷、发热等现象,部分病人出现口、舌、四肢发麻,以及恶心、呕吐、腹痛、腹泻、荨麻等症状,有的出现支气管哮喘、呼吸困难,血压下降,病程大多为1~2天。过敏性食物中毒的发生与患者的体质是否过敏有关。一般进食后0.5~3小时就开始出现症状,长者12小时以后才出现症状。过敏性食物中毒,虽然症状轻,恢复快,没有致命危险,但对健康也有一定程度的影响。

食物过敏是全世界普遍存在的一个食品安全问题,全世界约有1%成年人和2.5%儿童患有食物过敏症,每年患者超过3万,死亡150人以上。1995年,联合国粮食和农业组织(FAO)报告称,鱼类属于八大常见过敏食物之一。在我国南方,鱼类过敏的发病率较高,如深圳250例过敏者中对淡水鱼(鲤鱼)过敏率为28.7%。一些发达国家要求在容易引起过敏的食品标签上标明注意过敏原的警示语。美国早在2006年就实施《食物过敏标签和消费者保护法案》,规定所有在美国销售的包装食品,必须符合有关食品过敏原标注要求。其中,过敏原主要指鱼类、甲壳类等八类食物(160多种食品过敏原中,90%的过敏都是由这八类食物引起)。1990年我国卫生部第5号文《水产品卫生管理办法》第三条第三款中规定:"凡青皮红肉的鱼类,如鲣鱼、鲹鱼、鲐鱼等易分解产生大量组胺,出售时必须注意鲜度质量,在不能及时鲜销或需外运供销时,应立即劈背加25%以上的盐腌制,以保证食用安全。"民间采用咸菜烹饪高组胺鱼类,或将鱼放在用10%盐、5%醋混合成的水溶液中渍约15分钟,然后再烹饪,这样可以有效降低组胺中毒的风险。组胺可以作为某些鱼类是否腐败的指示物,我国规定鲐鱼中组胺不得超过1 000毫克/千克,其他海水鱼不得超过300毫克/千克。

三、肉毒鱼类

有些鱼类的肌肉或内脏中含有雪卡(西加)毒素,其毒性比河豚鱼毒素强 20 倍。这些毒素是小分子结构，一般不能被加热或胃液所破坏。雪卡毒素的产毒源是生活于珊瑚礁附近的多种底栖微藻，产毒藻类有岗比尔盘藻、利马原甲藻、梨甲藻和甲藻等。有毒底栖微藻的生活习性决定了易感染雪卡毒素的鱼类多数为珊瑚礁鱼类。全世界有 400 多种鱼含有雪卡毒素，我国约有 45 种，主要分布在台湾、西沙群岛和海南岛等地区。

雪卡毒素对鱼类本身没有明显的毒性作用，但它存在于鱼体肌肉、皮肤、内脏和生殖腺内，人食用了含雪卡毒素的鱼类后就会中毒，其症状会在消化系统（胃肠）和神经系统同时出现。胃肠症状包括腹泻、恶心、呕吐及腹痛，食鱼后 3～5 小时即会出现且会持续一定时间；如果摄入量很大也会在数分钟后就出现中毒症状。神经性症状食后 12～18 小时产生，典型症状是冷热颠倒（觉得热咖啡很冷，而冰淇淋很热）、肌肉酸疼、嘴唇及舌头和口唇刺痛麻木，口干会产生金属味、焦虑、昏迷、打寒战、出虚汗、瞳孔扩大、视觉模糊，严重时会导致瘫痪或死亡。这些症状一般会持续 1～8 天，有时数月。目前，对雪卡毒素中毒无良药可医。

雪卡毒素与有机磷农药毒素的性质相似，食用 200 克鱼肉（约含 200 毫克毒素）就能致死。2006 年，广东地区雪卡毒素中毒人数超过百人；而全世界每年雪卡毒素中毒的人数有 5 万余人。在市场和餐馆中常见的一类生活在深海的珊瑚鱼类，如老鼠斑、东星斑、红斑、苏眉、鬼头斑、竹星斑、瓜子斑中可能混有有毒的鱼类，市民选购时应加以注意。有报道称，某些热带海鳝含有雪卡毒素的毒性最强，通常食用 20 分钟至 3 小时即会出现中毒症状，可引起惊厥和迅速死亡。

四、胆毒鱼类

这是指胆汁有毒的一些鱼类。胆毒鱼类有草鱼、青鱼、鲤鱼、鲢鱼、鳙鱼等。鱼胆中毒有 80%～90% 是吞服草鱼胆而引起。鱼胆是一味中药，中医常用其来治疗目赤胆痛、喉痹病、恶疮等症。民间有服用动物胆治病的习惯，认为胆能清热解毒，有明目止咳的功效。但鱼胆中含有一种水溶性鲤醇硫酸酯钠，这是一种强毒素。因此，民间食用鱼胆中毒的事件屡见不鲜,据调查资料,1970~1975年,我国鱼胆中毒病例为82起,其中死亡21人,在有毒鱼类中毒案例中占据第二位,仅次于河豚中毒。有些地区鱼胆中毒后死亡率高达30%左右。

成年人一次吞服一尾重约2 000克鱼的胆就可能引起不同程度的中毒。鱼胆中毒发病快,服后0.5~14小时就会出现症状。轻者出现恶心、呕吐、腹痛、腹泻,重者会出现肝肿大、黄疸、肝区压痛、少尿或无尿。如果不及时抢救可造成肝肾功能衰竭而死亡。该毒素既耐热又不会被酒精破坏,因而无论将其煮熟或用酒吞服均可发生中毒。

五、卵毒鱼类

这是指鱼卵有毒的一些鱼类。我国有50多种,大多数为淡水鱼类,如分布在西北、西南地区的青海湖裸鲤(又名湟鱼、无鳞鱼),南方大江河流中的一些光唇鱼、鲶鱼。海水鱼类中常见的有鲳鱼。这些鱼类一般肌肉无毒可以食用。但在繁殖季节其卵巢、精巢以及卵有毒,成熟的鱼卵毒性最强。鱼卵毒素属于非肠胃毒素,通常为大分子结构毒素,可以通过加热和胃液迅速破坏。如果烧煮时间过短,食后仍会引起中毒。成人一次摄食有毒鱼卵100~200克,会很快出现中毒。轻者,出现腹痛、腹泻和呕吐症状;重者,会出现痉挛、抽搐、昏迷,但死亡者甚少。中毒后无特效药可救,一般轻微中毒在1~6小时内可不治而愈。

六、血毒鱼类

这是指血液(血清)中含有毒素的一些鱼类。我国常见的淡水鱼类中仅鳗鲡和黄鳝,海水鱼类中有海鳝、康吉鳗。这类毒素属于非肠道毒素,是一种大分子结构的外毒素,它与河豚毒素不同,可以被加热和胃液所破坏。一般情况下,经煮熟后食用不会引起中毒。但大量生饮新鲜的鳗鲡或黄鳝的血液可发生中毒,接触有毒鱼的血会引发炎症。民间生饮黄鳝血壮身的说法是不科学的,可以说不但无益,反而有害。

七、肝毒鱼类

这是指肝脏有毒的一些鱼类,常见的有蓝点马鲛以及大型的鲨鱼、魟鱼等新鲜的肝脏。中毒的主要原因是鱼肝脏中含有丰富的维生素A、维生素D和脂肪,过量摄入后引起维生素A、维生素D过多症,此外肝脏中还含有鱼油毒、痉挛毒和麻痹毒。食用鱼肝后0.5~12小时可出现症状,一般约1小时左右出现,并在7小时内达到最剧烈的程度。最初的症状为恶心、呕吐、发热和头痛,头痛可以非常严重,也可以出现轻度腹泻。开始患者脸部潮红和水肿,不久即发展成斑疹,3~6天出现蜕皮,蜕皮可持续30天左右。有时会出现眼眶疼痛、关节疼痛和心悸。大部分出现较急性的症状,可在3~4天后消失,未见死亡的报道。

八、油"毒"鱼类

有个别特殊的鱼类,其脂肪有"毒"。这类鱼类主要是油鱼,别名圆鳕、仿鳕、龙鳕等。实际上是棘鳞蛇鲭和异鳞蛇鲭的统称,常见于热带和温热带海域。油鱼脂肪中的蜡脂并非真正有毒,由于其熔点低(45℃以上),摄入后人体无法分解和吸收。大量蜡脂进入肠道后通常可刺激肠道蠕动加快,导致一部分食用者出现急性腹泻、肠胃痉挛等不适症状,严重时可伴有恶心、呕吐和头痛。一般在进食后0.5~3小时出现不适症状。这种排油性"腹泻"与普通的腹泻不同,不会导致人体内体液的流失,一般不会致命。可在24~48小时痊愈。另一种情况是蜡脂累积在直肠中与粪便一起排出。吃油鱼多的消费者,尤其是小孩,会排出橙黄色的油。日本和欧盟一些国家将其列入"禁止进口"的品种之一。

市场上常有以劣质的油鱼冒充优质的冷水深海鳕鱼的欺诈行为。如果两种鱼是整条的,就很容易从形态特征加以区别,但市场上都是以"切片"包装供应,因此消费者较难加以区别。鳕鱼的种类很多,现以银鳕为例将两者的区别方法归纳如下:

(1)从外观上,银鳕的鳞片细小,去鳞的皮肤灰色中有银色圆点,肉色纯白;而油鱼鳞片粗糙,皮肤黑色或棕色,肉色因脂肪含量高常带浅黄色。(2)从口感上,银鳕肉质细嫩,入口即化,可以像三文鱼那样蘸辣根生吃,有独特的清香和鲜味;而油鱼肉质较硬,口感油腻粗糙。(3)从价格上,鳕鱼每500克上百元,而油鱼不到20元。

第二节 有毒贝类

贝类在我国渔业经济中占有十分重要的地位。据2008年统计,我国贝类总产量约1 122万吨,占渔业总产量的23%,约占世界贝类产量的68%,其中海产贝类占95%以上。目前,我国已有20万平方千米的近海海域受污染,海水水质达不到国家Ⅰ类海水水质标准,因此,生活在浅海滩涂上的700多种贝类难免深受其累。

贝类与鱼类不同,它有其特殊的生活特征:(1)栖息位置比较稳定,一旦遇到水质污染难以回避;(2)双壳贝类属于滤食生物,每天滤水几十升到上百升以摄取水中饵料生物,极易将饵料生物中积累或水体中的有害物富集于贝体内;(3)由于消费者食用贝类时不能去除内脏,所以食用污染的贝类往往会引起中毒。贝类在水产食品安全中同时存在两大隐患:(1)贝体含有贝毒素;(2)贝体受生物和化学污染(详见第二章)。

近年来,由于工业废水、生活污水等大量排放,造成海水富营养化,导致赤潮频发。全世界4 000多种海洋藻类中,大约有260多种能形成赤潮,其中70多种能产生毒素。近年来我国海域赤潮每年平均发生79次,为20世纪90年代的3~4倍。有毒的赤潮藻中的"藻毒素"通过食物链,在贝类和鱼类的体内累积,人类误食以后轻则中毒,重则丧命。

贝类毒素根据人体的中毒症状,可分为麻痹性贝毒素(PSP)、腹泻性贝毒素(DSP)、神经性贝毒素(NSP)、记忆丧失性贝毒素(ASP)和雪长毒素等。根据贝类毒素的化学分子结构可分为八类,如蛤毒素就是其中一类,由鳍藻(属)和原甲藻(属)产生。1985年,从日本的虾夷扇贝(紫贻贝)的肝胰腺中发现。目前,已确定有10余种贝毒素的毒性比眼镜蛇毒素高80倍。

一、麻痹性贝毒素

麻痹性贝毒素为世界上分布最广、中毒频率最高、危害程度最大

的一类毒素。该毒素主要来自海洋的甲藻类如双鞭藻中的亚历山大藻属、膝沟藻属、裸甲藻属、旋沟藻属及生活在淡水中的蓝绿藻属的某些种类。我国不同海域的染毒贝类品种不同,据1997年的调查资料,渤海主要为牡蛎和毛蚶,东海主要为织纹螺、菲律宾蛤仔和杂色蛤;南海海域的染毒贝类品种检出率最高,种类主要为文蛤和翡翠贻贝等。

麻痹性贝毒素中毒可引起神经病症,甚至会威胁生命。一般在进食1小时内发作,中毒症状包括出现刺痛、麻木、唇及指间有灼烧感、眼花、步履蹒跚、喉咙及皮肤干燥、语无伦次、皮疹和发烧;轻者几天内可以痊愈,严重者会发生呼吸困难,可在24小时内死亡。

据统计,全世界大约发生过1 600多起麻痹性贝毒素中毒事件。在1962年之前,全球中毒人数超过900人,死亡200人。自20世纪60年代以来,我国已有近600人因误食有毒的贝类而中毒,数十人死亡,其中大部分为麻痹性贝毒素中毒事件。

近年来,我国不少地区误食织纹螺中毒的事件频发,织纹螺俗称海丝螺,又称麦螺、白螺、甲锥螺,盛产于浙江、福建、广东沿海,上海附近的海域较少见。织纹螺外形特征为尾部较尖、细长,长度约1.8厘米,宽度约0.8~0.9厘米,似小拇指末端一般大小。织纹螺的毒性与其种类有关,有的具强毒,有的具中等毒性,有的无毒。织纹螺引起食物中毒的毒素为麻痹性贝毒素,该毒素类似河豚毒素,可引起神经性中毒。健康人若食用20克螺肉,就有中毒死亡的危险。早在1985年,浙江宁海县发生了食用织纹螺中毒事件5人中毒1人死亡后,从20世纪90年代开始,织纹螺引起的中毒事件呈上升趋势。如1998~2003年,宁波市某医院收治了68例织纹螺中毒病人。2002年四五月份,福建宁德、莆田等处连续发生7起织纹螺中毒事件,共有30人中毒,3人死亡。2004年7月,宁夏银川市发生1起织纹螺中毒事件,中毒人数55人,死亡1人。2011年8月,成都发生两起织纹螺中毒事件。对于海丝螺引发的多起中毒事件,2004年7月,北京市政府食品安全办公室下发了《关于停止购进和销售海丝螺的紧急通知》,在北京市范围内停止购进和销售海丝螺。联合国粮食和农业组织、欧盟和我国对麻痹性贝毒素的限量为 80 微克/100 克贝肉组织。

二、腹泻性贝毒素

腹泻性贝毒素最早是 1985 年日本从紫贻贝（日本虾夷扇贝）的肝胰腺中分离出来的。毒素主要来自鳍藻属和原甲藻属藻类。贝类被赤潮污染后，毒素主要积累在中肠腺，如 1998 年辽宁湾受赤潮污染后，该区域贝类的中肠腺中最高含量为 24 微克/克，而可食部分含量相对较低，最高含量为 5 微克/克。

腹泻是此类贝毒素中毒的主要症状，其中毒的特点与麻痹性贝毒素有极大的不同。一般进食后 30 分钟内到消化后几小时，会产生反胃、呕吐、腹疼及腹泻等症状。呕吐的时间可能取决于毒素的量。中毒症状可能会持续 3 天，但不会留下后遗症，也不会致命。联合国粮食和农业组织和我国对腹泻性贝毒的限量要求为 80 微克/100 克贝肉组织。

三、神经性贝毒素

神经性贝毒素是已知最毒的海洋毒素之一，据估计全世界每年约有 5 万例因食用含该毒素的水产品而引起中毒。其毒素主要来自短裸甲藻、剧毒冈比甲藻等藻类。

其中毒症状一般出现在进食后 3 小时内，主要症状为恶心、呕吐、腹泻及行为不协调，但毒性比麻痹性贝毒素温和一些，未发现有麻痹现象。

四、健忘性贝毒素

这类贝毒素主要来自硅藻属尖刺菱形藻等藻类。常见被污染的贝类有海扇、软壳蛤、紫贻贝、蛏蛏和扇贝类。

1987 年，在加拿大东部发生过一起养殖贻贝中毒事件，食用 3 天后出现中毒症状，包括恶心和腹泻，而腹泻时会伴有神智错乱，方向感丧失甚至昏迷。这次事件中，有 3 名年纪大的中毒患者死亡，另有一部分患者永久性地记忆丧失。

第三节 其他天然有毒有害水产品

一、有毒淡水蓝藻

全世界藻类约有 4 万种,淡水藻类有 2.5 万种,我国约有 9 000 种。其中,众所周知的蓝藻所造成的危害最大。蓝藻的学名叫做微囊藻,因藻体呈蓝绿色,又称蓝绿藻;大量铜绿色蓝藻使水体变色,甚至形成遮着水面的"水华",江浙一带的渔农称其为"湖靛"。

蓝藻繁殖很快,在适宜的环境下如水温 20～30℃时,繁殖周期约为 10 小时。蓝藻大量死亡时会产生蓝藻毒素、羟胺及硫化氢等有害物质,并且散发腥臭味。研究发现,蓝藻毒素是目前最强的肝脏肿瘤促进剂,可导致动物肝脏损伤,使其大量出血而致死,还会使人体致癌。如果水体中蓝藻浓度达每升 50 万个群体时,就会使鱼类死亡;当浓度达到每升 100 万个群体时,可致青、草、鲢、鳙等鱼类大量死亡。曾有一口鱼池,饲养的斑点叉尾鮰因蓝藻过度繁殖而致死。经测定,死亡的斑点叉尾鮰的每毫克肝脏中的毒素含量为 123～250 毫克,鱼类肝脏对蓝藻毒素是有蓄积作用,当每毫升池水中毒素含量为 57～78 毫克时,鱼体肝脏中的毒素含量可比水体中的含量高 31 倍。蓝藻毒素的污染,影响水产动物的生长,继而关系到水产品的食品质量安全问题。有人对饲养的罗非鱼进行连续 3 年的追踪检测,发现在蓝藻低爆发时期,罗非鱼肌肉中毒素浓度接近或超过世界卫生组织(WHO)推荐的每日容许摄入量(0.04 微克/千克);而在蓝藻爆发最高时期,浓度则比标准高 42 倍,可见蓝藻爆发对水产品造成的安全问题令人担忧。有专家建议,在蓝藻爆发时期,不要食用从该水域捕获的鱼类、淡水贻贝和蚌类。1996 年,巴西某医院因为临床血透时使用的水被蓝藻毒素污染,造成了 100 多人发生急性肝功能损伤,在 7 个月内至少死亡 50 人。

蓝藻对人类造成危害的主要途径是通过饮用水,人类长期饮用含蓝藻毒素的水,会对肝脏造成损伤,甚至使人致癌。世界卫生组织推荐饮用水中蓝藻毒素的浓度不允许超过 10 微克/升,同时推荐每日容许摄入量为 0.04 微克/升。自 1878 年澳大利亚首次报道蓝藻事件后,至今因水体富营养化而导致蓝藻爆发现象,已成为全球关注的环境问题之一。2007 年 5 月,我国太湖蓝藻大规模爆发,引起了无锡供水危机。

二、小龙虾与横纹肌溶解综合征

2010 年 7 月下旬至 8 月底,南京突然发生 23 例因疑似食用小龙虾引发的横纹肌溶解综合征,曾一度把水产品食品安全问题推向风口浪尖。实际上,早在 1924 年德国波罗的海的哈夫海滨地区,首先发现了食用水产品导致不明原因的横纹肌溶解综合征病例,故称"哈夫病"。以后 9 年内,该地区又累计出现了 1 000 人病例。1997 年 3~8 月,美国发生 6 例食用大口胭脂鱼(水牛鱼)后也发生肌肉酸痛等严重不适的"哈夫病"。2001 年,美国路易斯安那州约 70 平方千米地区内在 7 天内又发生 9 起食用小龙虾后 3~16 小时内出现"哈夫病"的病例。夏季和秋季是"哈夫病"的发病期,淡水狗鱼、鲳鱼、小龙虾等都有致病的记录;发病地区包括瑞典、原苏联、美国、巴西和德国。2000 年 8 月上旬,我国北京地区也出现 6 例因食蝲蛄(似小龙虾,产于北方)引起的病例。2012 年 12 月,上海某医院连续收治了 2 起危重的横纹肌溶解综合征患者,患者发病前皆食用过大量海鲜。

至今,"哈夫病"的确切病因还未查明。在南京发生"哈夫病"后,有人怀疑在小龙虾养殖生产环节中存在食品安全问题,经江苏省农委水产品检测中心对全省 50 个小龙虾养殖基地的抽检,结果 100%合格。也有人怀疑与在流通、餐饮环节中对小龙虾清洗时使用"洗虾粉"有关,经专家分析,洗虾粉的成分主要是草酸和亚硫盐钠,这两种成分属于合法的食品添加剂。当然,用洗虾粉清洗小龙虾属于违规行为,不过这两种成分并不会引发横纹肌溶解综合征。实际上,大多数小龙虾都是养殖的,水质条件好,小龙虾本身很清洁,根本不需要使用"洗虾粉"处理。据目前的分析,"哈夫病"的病因可能是一种可溶于非极性脂类的未知毒素。该毒素在高温下依然稳定,烹调无法杀灭。该毒素很可能是一种海鱼体内的"海葵毒素"以及淡水鱼体内的类似毒素。此外,还有专家认为食用小龙虾发生"哈夫病",如同某些过敏体质的人食用海鲜发生过敏一样。"哈夫病"的发生与人体内肌酸磷酸激酶的活力有关。大量食用小龙虾后某些人群因个体差异,肌酸磷酸激酶被激活的程度和数量均不相等,其中敏感性强的人群骨骼肌中肌激酶的构成会急剧增加,"哈夫病"就会被引发。因此建议过敏体质的人尽量少吃小龙虾。实际上,引起"哈夫病"的原因较多,剧烈运动后,强体力劳动或者外部挤压伤,长期服用降压药、哮喘药或者精神类药也可能引起。

"哈夫病"是一种危害较大的疾病,横纹肌内存在肌红蛋白,正常情况下少量肌红蛋白释放到血液中,经过分解可以被人体代谢掉。但一旦肌肉细胞膜被毒素破坏,大量释放的肌红蛋白的数量超过了人体自身分解、代谢的能力。因肌红蛋白的"个儿"较大,很容易阻塞肾小管,影响肾功能,除临床症状表现为肌肉酸痛、肌肉僵硬外,轻者则产生血红蛋白尿(酱油色尿),严重者则引起急性肾脏衰竭。国外曾有患者肾脏衰竭的病例,庆幸的是南京发生的"哈夫病"患者无一例有肾功能衰竭,也无发热、关节疼痛和神经麻痹者,仅个别患者出现恶心症状,一般的病史是患者在发病前 4~13 小时内食用过小龙虾,并且数量一次都吃了 10 只以上。根据目前所掌握的国内外资料显示,"哈夫病"的发生率很低,南京发生"哈夫病"的患者病例数量算不上是爆发,危险性也较低,只要及时发现和及时治疗,完全可以治愈,并且也没有后遗症。

第二章
天然水产品受到生物或化学污染

第一节 天然水产品受到生物污染

生物污染,由可导致人体疾病的各种生物,特别是寄生虫、细菌和病毒等引起的环境与食品的污染。病毒和细菌又统称为微生物。据卫生部公布的2006~2010年食源性疾病爆发资料进行分析,5年间由于微生物引起的食源性爆发事件数和患者数最多,分别占40.09%和61.92%。

一、病毒污染

通过食物而感染人类,然后经过粪便排出体外的病毒主要有诺如病毒(NOV、NVS)、甲型肝炎病毒(简称甲肝病毒,HAV)、肠道病毒和冠状病毒。前两者被认为是当前最主要的食源性病原,容易带来世界性的爆发流行。

1. 诺如病毒

又称诺瓦克样病毒。近20年来,由于生食含诺如病毒的贝类等水产品而引发的大规模病毒性肠胃炎病疫时有发生。2007年初,日本曾发生过大规模的诺如病毒感染,发病人数超过数万,重症者可引起死亡。据统计,美国每年诺如病毒引起2 300万例感染,占各种已知肠道传染病的60%。我国一些地区也有该病毒局部爆发的报道。

诺如病毒传染发生的概率高(大于50%),且少量(10~100个)的病毒粒子即可引起感染。在感染12~48小时内即可出现呕吐、腹泻、腹痛、低烧等症状。该病毒引发的感染属于温和性疾病,一般不需要住院可以自愈,但由于脱水,也可能出现严重的病症,甚至死亡。

2. 甲肝病毒

贝类以双壳贝为主,过滤大量的水,如每只牡蛎滤水量为1 500升/天,其体内富集的病毒远远高于周围水域。1953~1971年,欧洲各国因生食牡蛎、蛤蜊等贝类,引起11起甲肝流行爆发事件。在我国因生食贝类而引起的甲肝流行也屡有发生,最典型的是上海1988年发生的甲肝大流行。这是生食了受甲肝病毒污染的毛蚶引起的,发病人数总计30多万,死亡47人。患病人数最多的一天高达1.9万人。据调查,226万人吃毛蚶,发病率为31.6%,其中20~39岁青壮年占83%。吃毛蚶人发病率为1.2万人/10万,而未吃毛蚶人为520人/10万,吃毛蚶人的发病率是未吃毛蚶人的22.92倍;用开水泡一下吃的人发病率比未吃毛蚶人高26倍;用酱油加黄酒浸一下吃的人发病率比未吃毛蚶人高57倍。

蚶类水产品所带的甲肝病毒比海水中高几十倍至几千倍,而甲肝病毒的抵抗力又比其他肠道病毒强,不仅耐寒、耐酸,而且耐热。60℃作用1小时,不能将其杀死;121℃作用30分钟,可以灭活。在自然条件下,甲肝病毒可在蚶类水产品的消化腺内可存活3~4个月之久。当人们食用加热不彻底的蚶类时,甲肝病毒可感染肝细胞和肠细胞,引起甲肝。症状包括发热、厌食、恶心、嗜睡、深色尿和黄疸(皮肤和眼睛呈黄色),肝脏疼痛并增大。

除蚶类(毛蚶、魁蚶和泥蚶)外,在花蛤、蛤蜊和螺蛳中也曾检测出甲肝病毒,阳性率为7%。从1988年起,上海市卫生监督部门对蚶类携带甲肝病毒进行连续性监测,不论产地在哪里,每年都能检出甲肝病毒,最高检出率达28%。被污染的贝类应放在清洁水中进行净化处理,一般需要2~3天,如果是一般的暂养,则需要暂养2周以上。

二、细菌污染

食源性食物中毒以微生物食致病菌物中毒占多数,而微生物食物中毒中又以细菌性食物中毒为多数。如上海市2013年全年有6起由致病菌引起的食物中毒中,4起为细菌性,其中沙门菌2起,金黄色葡萄球菌(肠毒素)和副溶血性弧菌各1起。

1. 弧菌

弧菌有30余种,与人类感染有关的弧菌至少有12种,其中较常见的有副溶血性弧菌、河弧菌、霍乱弧菌等。

(1) 副溶血性弧菌。副溶血性弧菌是沿海地区夏季常见的食物中毒病原之一,该菌特别嗜盐,在2%~4%氯化钠普通培养基上生长良好,在3%~6%食盐水中繁殖迅速,8~9分钟为1周期,低于0.5%或高于8%盐水中停止生长。最适温度为37℃,此菌不耐热,加热到75℃ 5分钟或加热到90℃ 1分钟,即可杀灭。对醋酸敏感,1%醋酸处理,1分钟即可杀灭。

该菌引起的食物中毒,世界各国都有发生。日本大阪于1950发生了一起咸沙丁鱼食物中毒,从死者的肠道内容物和食物中首先发现并分离得到副溶血性弧菌。副溶血性弧菌引起的食物中毒在日本沿海地区的发病率较高。2013年8月,上海某区发生了数人食物中毒,原因是餐馆供应的生食银蚶、毛蚶被副溶性弧菌污染了。该菌引起的食物中毒病例,约占细菌性食物中毒的70%~80%。我国台湾抽检东南亚进口海产品中,45.1%检出肠炎弧菌,其中虾蟹占八成。我国沿海地区海产品中副溶血性弧菌的检出率较高,沿海地区是我国副溶血性弧菌食物中毒的多发地区。

该菌引起疾病的潜伏期平均15小时,最短者1小时,最长者99小时。发病症状首先是腹痛和腹泻,其次为恶心、呕吐、畏寒和发热。98%的患者为腹泻,每天3~20次不等,粪便多数为黄色水样或糊状。海产品若用40%盐渍,可有效杀灭该菌。

(2) 河弧菌。由河弧菌引起食物中毒是20世纪90年代才被发现的,最初是从牡蛎和蚌中分离到的。鱼、虾、蟹、牡蛎、蛤、蚶、螺等海产品都携带该菌,近海龟的带菌率为1.5%~30%。该菌的感染途径有两种:一是肠胃道,因食用不洁的海产品,尤其是生牡蛎而引起爆发性的败血症。如果肝病患者再受到河弧菌的感染,往往会引起死亡。二是

伤口与海水接触,如清洗贝类或捕捞牡蛎、海蟹时受到河弧菌的感染,会迅速发生蜂窝组织炎。

(3) 霍乱弧菌。根据菌体 O 抗原的不同,目前已发现 200 个以上的血清群,其中仅 O_1 和 O_{139} 群霍乱弧菌对人类具有较强致病力。2007 年,农业部对浙江、福建、江西和湖南四省的养殖甲鱼、牛蛙携带的霍乱弧菌情况做了普查,共抽样 830 个,其中 45 个样品检测结果为阳性。经进一步检测证实阳性样品携带的是对人类无致病性的霍乱弧菌。检测结果表明所有样品都是安全的。1997~1998 年,台湾发生一起生食甲鱼蛋感染霍乱的病例。症状为无痛性大量腹泻、呕吐,若不及时治疗可能导致严重脱水,死亡率可超过 50%。2011 年 5 月底,昆山市疾控中心在当地某农贸市场的牛蛙中检出霍乱弧菌,该批牛蛙全部来自上海铜川路水产批发市场,产地为福建漳州。据了解,该批牛蛙都有当地动物卫生监督所的检测证明;经上海市疾控中心抽样检查,也没有检测出致病性霍乱弧菌。并且在此期间,上海和苏州地区也没有发现因食用牛蛙后患上霍乱弧菌中毒的病例。那么昆山市疾控中心为什么会检测到霍乱弧菌呢?据上海感染科专家分析,霍乱弧菌在江河湖海等自然环境中,可存活 2~3 个月,这批被检测出霍乱弧菌的牛蛙,也许是在运输过程或暂养时被环境污染引起的。昆山检测出的霍乱弧菌主要存在牛蛙的内脏中,霍乱弧菌不耐高温,煮沸 1~2 分钟就可被杀灭,市民只要不生食牛蛙,烧熟煮透,是不会引起食物中毒的。

2. 单核细胞增生李氏杆菌

这是一种人畜共患的致病菌,该菌对环境的生存能力强,营养要求不高,2~45℃均能生长,30~37℃最适宜。-20℃能存活 1 年,在冷冻食品中可以长期生存,是为数不多的低温生长致病菌之一。该菌不耐热,58~59℃,10 分钟即可杀死;耐盐性强,20% 盐水,4℃可存活 8 个月,普通腌制食品方法不影响其生存。

李氏杆菌引起的食物中毒,全年都可发生,夏秋呈季节性增长。该菌早在 20 世纪初就被发现,从 1929 年报道第一例病例后,世界各地都有零星报道。据美国疾病预防控制中心的流行病学分析表明,美国每年约有1 600～2 000李氏杆菌例病发生,死亡人数约450人。据世界卫生组织1984年统计,发达国家患病率,美国为0.83/10万,英国为0.5/10万,法国为0.8万/10万,澳大利亚为0.76/10万,日本为0.02/10万。据世界卫生组织调查结果显示,水产品中的检出率为4%～8%,熏制的贻贝和金枪鱼以及生牡蛎中常检出该菌。

李氏杆菌会产生溶菌素,可溶解大多数哺乳动物的红细胞,并且产生了两种磷酸酯酶,可破坏细胞膜,使细菌得以蔓延。该菌可引起人类脑膜炎、败血症等。死亡率可达20%～30%。免疫机能低下者及新生儿、孕妇和老年人患病率较高。健康人对该菌有较强的抵抗力,当食品中该菌数量达10^6个/克以上才能使健康人发病。近20年,该菌引起的食物中毒事件大量增加。在20世纪90年代,国际上就将该菌列为食品四大致病菌之一。

李氏杆菌具有嗜冷特性,因此,在冰箱保存食品的时间不宜过长。

3. 沙门菌

养殖水产品常遭受沙门菌污染,如日本鳗约有26%的感染率,该菌为嗜温性菌,生长温度4～46℃,最适宜温度20～37℃,在人体内25分钟繁殖一代,在水中可生存2～3周,在冰水中可生存1～2个月,在13%～19%盐度的咸肉中存活75天。在100℃时立即死亡;70℃,需作用5分钟灭活;65℃,需作用15～20分钟灭活;60℃,需作用1小时才能杀死。该菌对机体有较强的侵袭力,是细菌性食物中毒最常见的致病菌之一,可产生肠毒素和内毒素。临床表现有肠炎型、类霍乱型、类伤寒型、感冒型和败血症型等症状。一般以肠炎型为主,伴随其他类型。沙门菌引起的食物中毒全年皆可发生,但多见于夏秋两季。一次摄入量10万个以上才能出现临床病症。如果数量少,即成为无症状带菌者,但儿童、老人、体弱者,少量菌即可致病。

该菌感染的潜伏期12～36小时,短者6小时,长者48～72小时,一般潜伏期越短,病情越严重。中毒初期主要表现为头痛、恶心、食欲不振;然后出现呕吐,腹痛腹泻。患病1天内可腹泻数次至十余次,主要为水样便,少数带黏液或血,体温38～40℃。一般发病2～4天后体温恢复正常,多数患者2～3天肠炎消失。

4. 致病性大肠埃希杆菌

大肠埃希杆菌简称大肠杆菌，包括普通大肠杆菌、粪大肠杆菌和致病性大肠杆菌。大多数大肠杆菌是肠道中的正常菌群，该菌以 10^7～10^9 个/毫升浓度在人体结肠中长期存在。一般情况下不产生致病作用，正常人每天排出粪便，几乎 1/3 的重量是大肠杆菌。少数致病性大肠杆菌又包括肠产病毒性大肠杆菌、肠致病性大肠杆菌、肠侵袭性大肠杆菌和肠出血性大肠杆菌。在 150 多种大肠杆菌中只有 16 种为致病型。肠出血性大肠杆菌主要的菌型是 O157：H7，该菌不耐热，75℃作用 1 分钟即可杀死，但耐低温，该菌能分泌肠毒素、溶血素，可引起腹泻，水样便或血样便。大肠杆菌在 20℃左右，8 分钟可繁殖一次，5～6 小时 1 个细菌就变成 1 亿个。

1982 年，美国的俄勒冈州和密歇根州分别发生了一起出血性肠炎的爆发流行事件。美国医生从一名腹泻病人的粪便中首次分离到这种 O157：H7 型的大肠杆菌。日本在 1991～1994 年期间，每年约发现 100 例 O157：H7 感染者，其中 13 岁以下儿童占 83%，主要为幼儿园、学校集体性爆发。1996 年 7 月在日本大阪地区发生的大肠杆菌 O157：H7 感染可以说是有史以来最大的一次爆发流行，这次爆发流行涉及日本的 40 多个府、县，患者总数超过 4 万人。近年来，美国每年发生数百病例，其中在 2006 年 9 月美国的菠菜被大肠杆菌 O157：H7 污染，疫病波及半个美国。江苏省淮北地区曾报道 95 例因大肠杆菌 O157：H7 感染所致的溶血性尿毒综合征，死亡 83 例，病死率达 87.37%。

据调查，餐饮行业、集体食堂的餐具中，大肠杆菌检出率高达 50% 左右，致病性大肠杆菌检测率为 0.5%～1.6%；食品中致病性大肠杆菌检出率低者为 1% 以下，高者可达 18.4%。大肠杆菌 O157：H7 感染肠道后，可以产生一种毒素损害肠黏膜血管，不仅引起腹泻，还能引起肠道出血，所以称"肠出血性大肠杆菌"。受感染病人在 3～8 天的潜伏期后出现腹部绞痛和腹泻，部分伴血便样腹泻，多数病人可在 10 天内康复，但少数约 5% 病人可并发溶血尿毒综合征。

预防该菌引起的食物中毒，食品冷藏的温度要在 0～5℃，剩菜要用保鲜袋密封放在冰箱里，不要超过 2 天。

2011年4月下旬,在欧洲和北美十余个国家先后发生的肠出血性大肠杆菌O104∶H4疫情。这是一种罕见的血清型,其临床症状是腹痛、出血性腹泻、发烧和呕吐,重症患者可导致死亡。最先德国报道的感染源怀疑是黄瓜,之后又增加西红柿、生菜。至6月初,才确认真正的罪魁祸首是绿豆芽、黄豆芽、小红萝卜芽和绿花菜等18种"芽菜"。生吃"芽菜"在世界各地曾多次引起肠出血性大肠杆菌疫情,最大的一次是1996年发生于日本,因生吃被O157∶H7大肠杆菌感染的萝卜芽,导致1万余人感染,17人死亡。

5. 金黄色葡萄球菌

食品中的致病葡萄球菌主要是金黄色葡萄球菌,50%以上的金黄色葡萄球菌可产生肠毒素。肠毒素分A、B、C、D和E五种类型,引起食物中毒常见的肠毒素为A型、E型,A型的毒性最强。该菌的生存温度6~48℃,在20~37℃及适宜的pH值和合适的食品条件下能产生肠毒素。该菌对温度很敏感,在55℃,作用3分钟就能杀灭90%;73.9℃,即可瞬间秒杀。但它产生的毒素极为顽强,能耐100℃高温30分钟;在牛奶中,100℃高温加热70分钟之后还会有10%的活性留下,并能抵抗胃肠道中蛋白酶的水解。肠毒素的毒性也比较强,摄入1微克A型肠毒素就可以引发中毒症状。如果食物中的金黄色葡萄球菌达到每毫升10万个,就能够产生这个水平的毒素量。

金黄色葡萄球菌广泛分布于自然界中,如空气、土壤和水中均有存在,是最常见的化脓性球菌之一。健康人的鼻腔、咽喉和肠道内的葡萄球菌带菌率为20%~30%。食品受其污染的机会很多,金黄色葡萄球菌可以由患者或带菌者在接触食品后使食品污染。一般情况下,摄入含肠毒素食物后1~6小时即出现症状,最快的只需要半小时。中毒症状包括恶心、呕吐、胃痉挛和腹泻等。其特点是发病急、病程短、恢复快,即大多数患者于数小时后到1日内可恢复健康。水产类、肉类、禽类、蛋类、奶制品等食品被金黄色葡萄球菌污染后,在25~30℃下放置5~10小时,就能产生足以引起人中毒的肠毒素。隔日剩下的熟食或凉拌菜,很容易被金黄色葡萄球菌污染。如果吃剩的食物要保存2小时以上,需放置在60℃以上保温,或放置在4℃以下冷藏。

此外,还有肉毒杆菌在水产品罐头食品及密封盐渍食品中具有极强的生存能力。进食受肉毒杆菌污染的水产品后2小时至10天,会感觉视物有复影,眼睑下垂,眼肌和咽肌瘫痪,说话、呼吸感到困难,严重者可出现心力衰竭。

三、霉菌污染

近年来,全球饲料原料领域中霉菌毒素污染的频率和畜禽霉菌毒素中毒的严重性逐年增加。世界上大约有25%的谷物遭受各种霉菌污染。世界上真菌有150万种,其中400多种是人类病原真菌,每年新发现的人类病原真菌有8～10种,最常见的是黄曲霉菌。霉菌毒素是霉菌在其所污染的食物中产生的有毒代谢产物。目前已知的霉菌毒素约有700种,不同霉菌毒素的毒性作用不同,按其毒性作用性质可分为肝脏毒、肾脏毒、神经毒和"类激素"作用等。黄曲霉素属于肝脏毒。

20世纪60年代,英国有10万只火鸡突发性死亡,原因查明是食用了一种被黄曲霉素污染的花生粕。1974年秋天,印度有200个村庄发生了因食用受黄曲霉素严重污染的玉米而引起的中毒性急性肝炎,患者397人,死亡106人,死亡率高达26.7%。2011年12月24日,国家质量监督检验检疫总局对全国液体乳产品进行抽检结果的公告中,蒙牛乳业(眉山)有限公司生产的某批次产品,被检出黄曲霉素M_1超标140%。2012年7月20日,广州市工商局在官网公布了湖南长沙亚华乳业有限公司生产的"南山奶粉",被抽检的5批"倍慧"婴幼儿奶粉,均检出黄曲霉素M_1超标,源头之一是来自奶牛食用了霉变的饲料。奶牛食用了被黄曲霉素B_1污染的饲料,黄曲霉素在奶牛体内羟化而成为黄曲霉素M_1。据2003年联合国粮食和农业组织资料,全球有29个国家将食品中的黄曲霉素B_1限定于2微克/千克,21个国家设立为5微克/千克,10个国家设立为10微克/千克;而牛奶中则不允许超过0.5微克/千克。

目前,人们只关注饲料中存在黄曲霉素对饲养动物造成的危害,而疏忽了其对人体健康带来的危害。近年连续两次出现乳制品存在黄曲霉素超标,人们不禁担心养殖的水产动物中是否也存在黄曲霉素残留。水产品中黄曲霉素有两个源头:一是养殖水产品食用了霉变的饲料,二是水产品储存不当,发生了霉变(如咸鱼表面的霉斑)。

黄曲霉素对动物和人的毒性很大,按毒性强弱分类,黄曲霉素 B_1 属于超剧毒级,其动物半致死量仅为每千克体重 0.36 毫克,其毒性是氰化钾的 10 倍,是砒霜的 68 倍。黄曲霉素也是一种强致癌物,被列为引发肝癌的罪魁祸首。黄曲霉菌素 B_1 经食物摄入后,约有 50% 在十二指肠被吸收并主要分布于肝脏。黄曲霉素对人类的危害大多数是属于慢性中毒,引起肝炎、肝硬化、肝坏死;临床表现为胃部不适、食欲减退、恶心、呕吐、腹胀和肝区触痛,严重者出现水肿、昏迷,甚至抽搐而死。肝癌有四大致病因素:病毒性肝炎(我国的乙肝病人居世界第一)、黄曲霉素毒素、喝受污染的水及酗酒吸烟,黄曲霉素毒素被列为第二。

黄曲霉菌广泛散发于空气中,并附着在花生、玉米、肉类、水产品如咸鱼等食品上,在温度 30℃ 和相对湿度 80%~95% 环境下,繁殖最快。饲料储存过程中很容易污染黄曲霉菌,其产生的黄曲霉素很耐热,只有温度达 280℃ 才发生裂解。国际上对饲料中黄曲霉素的最高容许量为 5~30 微克/千克,国内饲料中允许的量为 10 微克/千克。如果饲料中黄曲霉素过高会引起水产动物急性中毒,如中毒的虹鳟会出现肝损伤、鳃丝灰白、红细胞数量降低等症状,并可能造成部分水产动物死亡。如果是超量中毒,中毒的水产动物会在未出现症状的情况下立即死亡。20 世纪 70 年代,上海某区某养殖场在 11 月初用霉变发黑的三合粉(玉米粉、山芋粉、面粉)泼入一个鱼池,原先是想作为肥料使用,不料全池 1 吨鳊鱼误食后,短短数天内全部中毒死亡。2007 年,江苏某县一个 200 亩鱼池出现大量鲫鱼活动异常和死亡,经检查水质指标正常,也无病虫害症状。经饲料检测,饲料中黄曲霉素 B_1 含量为 26.7 微克/千克,超标了 16.7 微克/千克。美国历史上曾发生过大量鳟鱼中毒的事故,原因是饲料中的棉籽粉受黄曲霉素污染。养殖的水产动物食用霉变饲料的情况非常普通,只不过大多数情况因饲料中黄曲霉素的含量较低,未出现明显的中毒症状,但低剂量黄曲霉素长期累积也会引起水产动物发生慢性中毒,只不过水产动物养殖的时间短,不易被养殖者察觉。那么,在养殖水产动物体内积累的黄曲霉素毒素是否会对人体造成危害呢?因为水产品检测中没有这一指标,因此无法知晓,目前还只是理论

上的推测。但是,我们可以确定的是霉菌毒素可通过动物的肉、奶、内脏和蛋进入人体,危害人类的健康。

四、寄生虫污染

我国淡水鱼有 800 多种,与人体共患蠕虫病的淡水鱼有 70 多种。蠕虫包括吸虫、线虫、绦虫和棘头虫等。

1. 吸虫

(1) 肝吸虫。学名华枝睾吸虫,是最常见的一种人畜共患病。1875 年,在印度加尔各答首次从一具尸体中发现虫体。1908 年,我国已证实该病的存在。1975 年,在湖北江陵县凤凰山西汉古尸体内和战国楚墓古尸体内查到虫卵,证实该病在我国已有 2 300 年以上的历史。

该虫的终宿主要是人、猪、犬、猫,第一中间宿主是淡水螺(豆螺、沼螺),第二中间宿主是淡水鱼。成虫寄生在人的肝脏和胆囊内,产的卵随粪便排入水体,在水中孵化成毛蚴,毛蚴被螺蛳吞食,在螺蛳体内发育成胞蚴、雷蚴和尾蚴,尾蚴逸出螺蛳先附着鱼体,然后钻入鱼体,主要寄生在肌肉中,也可以在皮肤、鳃和鳞片中。人吃了含囊蚴的鱼肉,囊蚴通过消化道经肝胆管进入胆囊或穿过肠壁和血管进入肝脏,引起肝吸虫病。一般感染一个月后粪便中可见虫卵。成虫在人体内可存活 20～30 年。虫体少量(50 尾以下)寄生时,症状不明显;达到一定数量时,会出现食欲减退、腹痛、腹泻、浮肿、消瘦、贫血、肝脾肿大等症状;儿童患病可影响发育,出现侏儒症。严重者胆管堵塞,可发生胆囊炎、黄疸、胆绞痛,久之可引起肝炎,最后发生肝硬化,也有人认为可能会引起肝癌。

此病常发于中国、日本、韩国、朝鲜、越南北部、俄罗斯东部等地区。我国广东地区较为流行。这是因为新中国成立前养鱼户有一个不良习惯,把粪坑建在鱼池上,粪便直接排入鱼池中,再加上广东地区有食生鱼片、鱼生粥的习惯。现在养殖户已改变这一不良习惯,肝吸虫病的发病率大大下降。但我国不少地区都有生食鱼肉的习惯,因此肝吸虫病的发病率仍然较高,患者数量超过了病毒性肝炎。据资料,该病在我国大部分省、直辖市、自治区,包括台湾、香港、澳门都有不同程度的流行。全国的感染率平均为 35.6 个/万人,约有 470 万感染者,其中广东占约 50%。

冰鲜鱼在 -10℃ 温度下贮存 5 天,可杀灭肝吸虫虫体。

(2) 肺吸虫。学名卫氏并殖吸虫,是人畜共患病。

该虫的终宿主是人,第一中间宿主是淡水螺类(川卷蝶螺、黑螺、沼螺、钉螺),第二中间宿主是淡水蟹类(石蟹)、蝲蛄(似小龙虾,产于北方)。成虫寄生在人体的肺部,虫卵随痰被吐出,有时候被患者咽下去,所以卵随着痰或粪便进入水体。在水中孵化成毛蚴,毛蚴钻入螺蛳体内,经过胞蚴和雷蚴发育成尾蚴。含尾蚴的螺蛳被蟹、虾、蝲蛄吞食,发育成囊蚴,人吃了含囊蚴的蟹、虾、蝲蛄即被感染。囊蚴穿过肠壁进入腹腔,约 1~3 周后再经过横膈膜和胸腔进入肺,或留腹腔、胸腔内,或侵入皮下、肝脏和脑等,囊蚴进入人体后大约 2~3 个月可发育为成虫。肺吸虫进入人体可存活 5~6 年,长的可达 20 年之久。由于寄生的部位不同,可以出现各种症状。最常见的是肺型症状,病症与肺结核相似,咳嗽、胸痛、咯血和肺部囊肿。脑型症状似脑膜炎,头痛、癫痫、瘫痪;腹型症状为腹痛、腹泻和便血;肝型症状为全身性浮肿;皮下型症状为皮下有包块、结节。

中国、东南亚、马来西亚、菲律宾、日本等地区均发生过此病,估计共有 2 000 万人被感染。有的流行地区的感染率高达 5%~10%。我国大部分省、直辖市、自治区均有该病报道。浙江和福建地区有爱吃醉蟹、腌蟹的习惯,东北地区有生食、烤食蝲蛄和蝲蛄酱的习惯,因此发病率较高。多数患者食用 3~6 个月后开始发病,有的数年后才发病。

蟹、虾、蝲蛄等腌、醉加工并不能杀死虫子,烤煮时间不够也不能将囊蚴全部杀死,在 20% 盐水中浸泡 3 天,也不能全部杀死虫体。用米酒醉蟹 1~2 天,杀虫无效,沸水煮 10 分钟才能把虫体杀死。

(3) 斯氏狸殖吸虫。世界上报道的并殖吸虫有 50 多种,我国约有 28 种,能致病的有两种类型,一种以卫氏并殖吸虫为代表的人畜共患型,另一种以斯氏狸殖吸虫为代表的畜主人次型。

该虫的终宿主主要是果子狸、猪、狗,人是非正常宿主,第一中间宿主是淡水螺(钉螺、豆螺),第二中间宿主是淡水蟹。

斯氏狸殖吸虫可能是我国独有的可引起人体局部或全身性幼虫的

移行症。流行情况与肺吸虫相似,患者腹部、胸部出现游走性皮下结节或包块,或出现在头颈、四肢、阴囊处皮下,并出现低热、胸痛、腹痛、乏力、食欲不振、肝脾肿大等症状。

（4）横川吸虫。又称异吸虫。该虫生活史:终宿主主要是人、猪、狗,第一中间宿主是淡水螺(沟螺),第二中间宿主是淡水鱼(香鱼、鲻鱼、鲤、鲫、白鱼)。日本北海道的香鱼体内,60%寄生有该虫的囊蚴,日本的四国、九州可高达80%～90%。

（5）棘吸虫。该虫的终宿主是人、畜、禽(直肠、盲肠、偶见小肠、胆管),第一中间宿主是淡水螺,第二中间宿主是螺、双壳贝、蝌蚪、青蛙和鱼类。

2. 线虫

（1）广州管园线虫。该虫的终宿主是鼠(肺),第一中间宿主是褐云玛瑙螺(非洲大蜗牛)、大瓶螺(福寿螺)、蛞蝓、蜗牛、田螺等,第二中间宿主(转续宿主)是蟾蜍、蛙、蜗牛、鱼、虾、蟹等。幼虫经两次蜕皮发育成为第三期幼虫,即为感染期幼虫。鼠类因吞食含有第三期幼虫的中间宿主、转续宿主而受感染。福建和浙江等地区的中间宿主主要是褐云玛瑙螺和大瓶螺。人摄入生的或未煮熟的含有第三期幼虫的螺类、鱼、虾而被感染。

人是该虫的非正常宿主,因此幼虫通常滞留在中枢神经系统,个别幼虫也可侵入肺、眼和鼻等。该虫可引起脑膜炎、脑炎,症状为剧烈头痛、颈项强直、恶心、呕吐、发热,甚至发生昏迷、精神失常等,严重时可造成死亡或产生后遗症。

1996年前在我国仅发现3例,但短短6年后猛增至73例。至今则有明显的增加趋势。近年来,该病在上海、沈阳、北京、香港、海南等地都有零星的病例。如1997年曾在温州爆发流行。2006年5月22日,北京某酒楼一名消费者吃了凉拌螺肉(福寿螺)患了脑膜炎,继之100多个消费者也患了不同程度的线虫病。

（2）异尖线虫。1955年,荷兰首先报道该虫,患者吃了鲱鱼后引起肠梗阻,这是由于异尖线虫幼虫钻入黏膜引起。该虫是目前海产品中对人体危害最大的一种寄生虫。

该虫的终宿主是鲸、海豹、海豚等哺乳动物(胃黏膜),第一中间宿主是浮游性甲壳类(磷虾),第二中间宿主是海鱼(青花鱼、竹荚鱼)、软体动物(乌贼)。海鱼捕食了含有第三期幼虫的甲壳类,第三期幼虫变成囊包或不变原形,长期积累在鱼体中。有150多种海鱼可寄生异尖线虫幼虫,如青花鱼有90%的幼虫寄生其体前部肌肉。人若生吃了含有幼虫的海鱼或软体动物可能被其感染。幼虫寄生在人体胃、肠壁。该虫属于暂时寄生,不能发育为成虫,大多数幼虫会在1个月左右死亡。人体感染幼虫后,轻者仅出现胃肠不适,严重者表现在进食后数小时上腹部突发剧痛,伴有恶心、呕吐、腹泻等症状。晚期患者,可见肠胃壁上有肿瘤样物。如果幼虫能排出体外,造成的危害并不大,1~2天或数天则可痊愈。

在日本、荷兰、英国、德国、法国以及太平洋地区的20多个国家都有该病病例报告。目前已报道的全世界该虫引起的病例达3万例之多。日本发病率较高,因这些地区喜欢吃腌海鱼、生拌鱼片、鱼肝、鱼籽或乌贼。在我国尽管迄今尚未见有病例报告,但国内市售海鱼中发现鲐鱼、小黄鱼、带鱼等鱼体中的异尖线虫幼虫感染率有时高达100%。虫体检出的部位多见于腹腔、肠系膜、胃肠及肝脏浆膜下。从东海和黄海捕获的30种海鱼和两种软体动物中发现带幼虫率为84%,可见我国人群感染该病的潜在危险性很大。

加热到90℃,作用1分钟以上或加热到70℃,作用5分钟以上或在浓醋中浸渍5小时以上可杀死幼虫。

(3)棘颚口线虫。1836年,该虫首次在伦敦动物园的老虎胃壁内发现,1889年,又从泰国一妇女的乳房脓肿内发现。

该虫的终宿主是脊椎动物,第一中间宿主是剑水蚤,第二中间宿主是两栖类(蛙)、淡水鱼(鲶鱼、乌鳢,泥鳅)、爬行类以及鸟类。第三期幼虫寄生在鱼类的肌肉、肠系膜、腹腔和内脏中形成包囊,人食用了含幼虫的水产动物,幼虫进入人体后在各脏器组织间爬行,症状复杂,严重者可发生癫痫、肢体瘫痪和脑疝,手术是目前主要的治疗手段。

该虫主要分布在亚洲,日本、泰国、越南、马来西亚、印度尼西亚、菲律宾、孟加拉和巴基斯坦等国,均有人体感染此虫的报道。我国人体感

染颚口线虫并不多见,迄今报道的病例不超过50例。联合国粮食和农业组织将此虫与异尖线虫同样列为水产动物中重要的致病因子。我国国家标准《水产品安全质量无公害水产品安全要求》中规定,该虫虫卵(颚口蚴)不得检出。2011年5月,上海出入境检验检疫局从铜川路水产批发市场检获九批次来自印尼和菲律宾进口的黄鳝中,首次检出颚口线虫。

该幼虫在加热70℃,作用5分钟即可杀死;浓醋浸渍5.5小时也可将其杀死。

(4) 无饰线虫。主要是鲱鱼的一种寄生虫。1955年,在医治病鱼的肠道肉芽肿时首次发现1条长2厘米的无饰线虫。日本东京曾从一条鲱鱼的腹腔和肝中查到200多条包囊幼虫。鲱鱼、鳕鱼、鲐鱼都可寄生此虫。

阿拉斯加地区爱吃生鱼,100名因纽特人体内有10人查有幼蛔虫,其中1人为无饰线虫。

3. 绦虫

(1) 阔节裂头绦虫。该虫的终宿主是人、猪、犬、猫(小肠内),第一中间宿主是剑水蚤,第二中间宿主是淡水鱼(鳟鱼、狗鱼、江鳕、鲈鱼)。卵在水中孵出钩球蚴,被剑水蚤吞食后发育为原尾蚴,剑水蚤被鱼吞食后原尾蚴穿过胃壁到肌肉、性腺、肝等内脏内发育为裂头蚴。曾在一条大鱼体内发现有1 000多条裂头蚴。人食用含裂头蚴的淡水鱼而被感染,裂头蚴进入人的小肠经3～6周发育为成虫。虫体长3～10米,最长可达20米。

患者的症状不明显,有的出现腹痛、腹泻、便秘、乏力、肠阻塞,甚至肠穿孔。因虫体夺取维生素B_{12},也可引起贫血。

此病主要流行于欧洲一些国家,如芬兰、法国、意大利、原苏联、日本,我国黑龙江、台湾亦有少数病例,全世界估计有1 000万感染者。幼虫在死肌肉内仍可存活一些时间,在冰藏鱼肉内能保持感染性达40天以上。

(2) 曼氏迭宫绦虫。该虫的终宿主是猫、犬(肠),第一中间宿主是剑水蚤,第二中间宿主是蝌蚪、蛙(蛙肉中间多见于大腿、小腿)或转续宿主人(小肠)、蛇、鸟类。

裂头蚴从伤口侵入或误食原蚴而感染。人体各部均可寄生,眼部、口腔、颌面部、皮下、腹壁肌肉较多见,但人肠寄生此虫比较罕见。患处组织炎症,产生黏液、水肿,严重时产生脓肿。

该病在日本、朝鲜、泰国、越南、印度尼西亚、菲律宾等国都有分布。我国主要分布广东、浙江、福建、四川等地。蛙类是主要传染源,因为越南和我国民间用生蛙肉敷贴伤口,清凉解毒或吞食生蛙治疗疥疮或疼痛。数年前媒体曾报道一则13岁男孩生吞蛇胆明目,结果3个月后出现了罕见的舌状绦虫病。症状是腹痛不止,上吐下泻,食欲不振,体重仅为同龄人的2/3。剖腹检查后才发现体内遍布幼小的虫体,估计有上千尾,肝脏等脏器受损。

第二节 天然水产品受到化学污染

一、重金属污染

在109种化学元素中,有83种是金属,密度5千克/升以上的金属统称为重金属。一般所说的重金属污染是指生物毒性显著的汞、镉、铅以及类金属砷,还可包括铬、锡、铜、镍、钒等重金属。有害金属污染物主要来自冶金、冶炼、电镀及化学工业等排出的"三废";使用有机砷杀虫剂、有机汞杀菌剂和砷酸铅等农药也可造成污染,如磷肥中含砷量约24毫克/千克,镉含量10~23毫克/千克,铅含量约10毫克/千克。微生物可降解环境中的有机污染物,但不能降解重金属污染物。

我国沿海海域都已存在不同程度的化学污染,《2009年度东海区海洋环境公报》数据称,东海区监测的贝类体内铅、汞、石油烃残留量普遍超标,45个入海排污口有13个环境"极差"。浙南(温州)沿岸海水污染较为严重,大都已是Ⅳ类或劣Ⅳ类海水。《2007年温州市海洋环境质量公报》中发布的监测结果是,主要污染物是重金属,其中铅超标率为100%,镉超标率为58%,石油烃超标率也达33%。

水生生物体中蓄积的汞、镉、铅、砷及其化合物,尤其是甲基汞,进入人体后,由于这些元素很难通过烹调加工处理去除,并且在人体内难

以排出，容易发生蓄积中毒，对人体主要脏器、神经、循环等系统均产生威胁。

1. 汞污染

汞俗称水银，世界卫生组织将其列在有毒有害金属的第四位。日本曾发生过两次闻名的"水俣病"事件，第一次是1953年，在日本熊本县水俣湾沿岸一带发生了因食用被汞污染的鱼而引起的一种神经性疾病，因而称为"水俣病"。症状表现为口齿不清、听觉失灵，或精神错乱，或癫狂、痉挛、惊厥，全身像弓一样弯曲，致使许多人终身手足残废，死亡率37%以上。患者头发中汞的含量高达50微克/千克以上。长期摄入甲基汞的孕妇尽管无中毒症状，但畸胎率明显增高。第二次是1965年，在日本新潟县河口又发生了"水俣病"，原因与上次相同。

水产品中的汞大部分以甲基汞的形式存在，如在鱼体中为66%～93%，甲壳类中为62%～85%，肉食性鱼类内累积的汞几乎100%都是甲基汞。水产品是人体内汞的主要来源，水产品中的甲基汞浓度是其他食品的1 000～10 000倍。因此，汞的含量被看作水产品卫生质量的一项重要指标。汞的多种存在形式中，甲基汞对人体的毒性最大，它被摄入后很容易被吸收，在人体内的半衰期为60～120天。它在人体中蓄积，对大脑、神经系统、内分泌系统、免疫系统、心血管系统、血液系统和生殖系统造成影响，并可对心脏造成永久性损害，孕妇和儿童更容易受到伤害。为了保障人类健康，从2005年起美国食品和药品管理局(FDA)大大提高了"安全食用鱼的标准"，成人每天允许摄入汞的含量不超过0.1微克/千克体重。

目前，已知含汞最高的鱼类有鲨鱼、金枪鱼、旗鱼、鲭鱼和方头鱼。鱼越大体内积累的汞就越多，食用时风险就越大。比如海水中汞的浓度为0.1微克/升时，小鱼体内可达2 000～5 000倍，而大鱼体内可达1万～6万倍。这些大型鱼体内的含汞量在0.73～1.4毫克/千克。鱼翅来自高龄鲨鱼，其中的重金属含量相对较高。水产品中虾、凤尾鱼、三文鱼、鳕鱼含汞量较低，平均含量不超过0.05毫克/千克。对于这些含汞量较高的金枪鱼、鲨鱼、鲭鱼等，专家建议每周吃两餐，总量不要超过340克，以免对人体造成危害。鱼的内脏和脑中含汞量较高，应少吃,孕妇、乳母和儿童不宜食用。

2. 镉污染

镉是造成20世纪七大环境公害事故之一的日本富山县"痛痛病"的元凶,对人体和动物来讲是一种非必需且无益的重金属元素。早在1910年,日本富山县一带发现了一种病因不明的地方病,患者症状是全身疼痛难忍,故称"痛痛病"。大腿痉挛,走路大摇大摆,骨骼老化畸形,甚至轻微的碰撞也会引起骨折。患者大多是月经停止后的多产妇女。此外,日本多处发生猫惨叫并跳海自杀的现象,说明"痛痛病"同样发生在喜食海产品的猫身上。直到50年之后的1968年才查明原因是由镉中毒引起,并查明食用被镉污染的海产品、水和食物是患病的主要原因。海水水产品中的镉污染比淡水水产品高,头足类和海水贝类中的扇贝、贻贝镉含量比较高。镉主要蓄积在动物的肝脏和肾脏,甲壳类动物肝脏中镉的含量是肌肉的10～20倍。由于甲壳类动物的肝、胰腺被认为是一种美味或作为"褐色蟹肉"在市场上销售,因此食用龙虾或螃蟹时,摄入大量镉的潜在可能性会大大增加。国家规定的镉的标准含量:鱼类不得超过0.1微克/千克,甲壳类不得超过0.5微克/千克,贝类、头足类不得超过1.0微克/千克。

镉被人体吸收后,自然排泄十分缓慢,其生物半衰期达30年。短时间内大量吸入可引起急性中毒,会出现恶心、呕吐、腹痛等症状。长期摄入会引起慢性中毒,导致肝肾损伤、骨质疏松和软化,甚至发展成"骨痛病"。

3. 铅污染

铅污染是重金属污染中毒性较大的一种。世界卫生组织认为,环境污染中对儿童威胁最大的是铅。铅对婴幼儿及儿童的危害远远高于成人,这是因为儿童对铅的易感性强,吸收率高,对铅的排泄及解毒能力较成人低,儿童对铅的排泄率仅为60%。铅对儿童的主要影响是神经系统、造血系统和肾脏损害。此外,对消化系统、免疫系统及儿童的生长发育也有一定毒害作用。儿童的神经系统对铅极为敏感,儿童长期接触低浓度铅,可引起行为功能改变,如多动、易冲动、注意力不集中、智力下降、贫血、厌食等。在我国,儿童血铅含量偏高的现象比较多见。1990年,我国2~7岁儿童铅摄入量超标达57.5%;2000年上升到62.1%;目前,仍有1/3儿童通过饮食摄入超量的铅。美国曾经有一段儿童铅中毒的高发期,由于政府和卫生部采取积极行动,发起"全美预防铅中毒"运动周,在20世纪90年代铅中毒问题已取得显著控制,至2006年美国儿童血铅超标率为1.21%。而我国据2004年调查资料,儿童铅中毒平均发病率约为10%。2010年3月,北京0~6岁儿童中,有近7%的儿童血液中铅含量超标。

目前,我国水产品的铅污染还不太显著。但是,据资料,不论是鱼类还是甲壳类(虾、蟹),总体来讲海水水产品铅的含量明显高于淡水水产品。我国规定鱼类和甲壳类限量为0.5毫克/千克,贝类和头足类为1.0毫克/千克。

4. 砷污染

世界卫生组织下属的国际癌症研究所、美国环境卫生科学研究院和美国环保局等权威机构公认砷及砷化合物是人类的致癌物。由于采矿、化工生产,大量砷化合物以砷酸盐及亚砷酸盐形式溶入水体,带来了严重的砷污染,致使鱼体内砷的含量严重超标。我国砷限量值为以鲜重计的贝类、虾蟹类及其他水产品为0.5毫克/千克,最高限值为1.0毫克/千克;以干重计的贝类和虾限量为1.0毫克/千克。

1955年,日本曾发生一起"毒牛奶"事件,患儿无精打采,情绪烦躁,并伴有腹泻、发烧、吐奶、皮肤发黑等症状。一年内婴儿死亡达130人,原因是某奶粉生产厂使用的劣质乳质稳定剂——磷酸钠中混入了砷,而对婴儿造成了神经、内脏的严重损害。砷的存在形式是有毒的三价态(如三氧化二砷)、毒性很小的五价态(如五氧化二砷)以及有机态形式(如对氨基苯砷酸)。无机砷会引起急性或慢性中毒,主要作为一种致癌物质,可引起肺癌、血管肉瘤、真皮基部细胞和鳞片细胞的癌变。砷的毒性取决于它的氧化价态和释放形式。另外,砷酸钠和亚砷酸钠可以引起低等动物畸变。

海藻是含砷最高的食品,主要为有机砷,普遍认为海藻中的有机砷无毒,而甲基化合物毒性很小。所以,长期食用紫菜等海藻不会对人体造成危害。

5. 铬污染

2011年8月媒体曝光的云南曲靖市"非法倾倒铬渣致污"事件,某化工厂的5 000吨铬渣被2名承运人非法倾倒路边和山坡,附近农村77头牲畜死亡,30多名村民得了癌症。有一个兴隆村的,共2 563人,2002～2010年,癌症病例有14人,其中11人死亡。2012年2月媒体又曝光湖南益阳市资江的新化县、安化县江段5千米之间,有12家铬铁合金厂的铬渣堆积如山,其原料来自澳大利亚、越南及南非,附近河里鱼虾几乎绝迹,多头母猪不下仔,自开办冶炼厂后9年来,有36人死于肺癌、肝癌、血癌和胰腺癌,另外还有24人身患顽疾。截至2010年年底,全国约有100万吨铬渣堆存在12个省份。

在国际上,六价铬被列为人体危害最大的8种化学物质之一。六价铬有毒,短期大量接触,可导致急性鼻炎、眼睛红肿、口腔炎、呼吸道发炎及急性胃肠炎,严重时可导致很多器官功能衰竭。铬经呼吸道、消化道、皮肤和黏膜侵入人体后主要累积在肝、肾和内分泌腺中,慢性中毒可致各种癌症。国家标准每升饮用水中铬的含量不得超过50微克。

6. 锡污染

有机锡从化合物主要用于作聚乙烯塑料稳定剂和农业杀菌剂、油漆等防霉剂、船舶底部及水产养殖网具抗生物附着涂料、杀鼠剂等。海洋生物对有机锡具有很强的富集能力,约为5 000～10 000倍,因此,在浓度很低的情况下就能引起海洋生物累积性中毒。

有机锡化合物品种繁多,其毒性及其产生中毒的器官各有不同,有的可引起急性中毒性脑病,并可有迟发性毒作用;有的可引起胆管和肝脏毒性;有机锡还是一种典型的环境激素。目前,有机锡的危害性尚未引起足够的重视,至今食品卫生标准中没有具体限量要求。

二、有机物污染

1. 多氯联苯(PCB$_s$)污染

多氯联苯是一种人工合成的氯化芳香族有机化合物,有209种不同的异构体。它被广泛用于电器绝缘,美国在1930～1970年约使用了50万吨多氯联苯,约占世界总产量的50%。由于多氯联苯对脂肪具有很强的亲和性,一旦进入生物体后,容易在生物脂肪层和脏器累积而几乎不被排除或降解。这使得淡水水体中(如美国五大湖)鱼体内的多氯联苯浓度下降得很慢,多氯联苯是生物富集现象的一个典型例子。如美国和加拿大交界的大湖区,湖水中的多氯联苯含量为0.001毫克/升,而湖中鱼体内的含量达10～24毫克/千克,比水体含量高出1 000～2 400倍,摄食湖鱼的海鸥脂肪中该物质的含量高达100毫克/千克,海鸥蛋中含量达40～60毫克/千克。此外,水生生物不同部分中的多氯联苯含量也有差异,如海洋鱼类肌肉中的多氯联苯一般为1～10毫克/千克,但鱼类肝脏中含量可达1 000～6 000毫克/千克。

人类可以通过摄食污染食品受到多氯联苯的影响。日本1968年发生米糠油受到多氯联苯污染的事件,数十万只家禽死亡,数千人受害。1979年,我国台湾省又发生了类似事件。患者出现指甲、黏膜色素沉着、眼睑浮肿,同时伴有疲劳、头痛、恶心和呕吐等症状。多氯联苯若被孕妇吸收,可致早期流产、畸胎、婴儿出生时皮肤深棕色沉着,被俗称为"可乐儿",儿童在7岁后表现发育迟缓与行为障碍。男性在20岁前后中毒者,第二代生育男孩的比例较低,精子形态异常增加50%,活力下降40%,与卵子结合能力下降一成。

我国香港食物安全中心在2011年底公布的膳食研究报告中指出,在所有食物组别中,鱼类和海产及其制品的多氯联苯和二噁英含量最高,其中含量高的污染食物是桂花鱼、蚝和鲳鱼。我国《食品中污染物限量》中的多氯联苯限量标准为0.5微克/克,而监测的贝类含量为4.2微克/克,鱼类为1.65微克/克,虾类为1.27微克/克。

据资料,我国现行的饲用油脂质量标准对一些有害物质如多氯联苯、聚乙烯等缺乏相关的项目检测;而美国食品与药品监督管理局(FDA)规定在饲用油脂中含量不允许超过2毫克/千克。

2. 二噁英污染

二噁英是一类氯代含氧三环芳烃类化合物,有201种同系物异构体。某些文献将具有二噁英活性的更为广泛的卤代芳烃化合物统称为

"二噁英及其化合物",它还包括多氯联苯。

早在1940年,在美国的湖底沉积物中发现了二噁英。在越南战争期间,美国在越南国土上撒下了大量含有二噁英的落叶剂,其污染和危害长达30多年。1995年5月,比利时又发生了因饲料污染而引起的二噁英严重中毒事件,引起了世界各国对环境及食品的二噁英污染的高度关注。

二噁英在自然中存量极少,也不是人工专门合成的,其来源主要有两个途径:① 燃烧源,在制造包括农药在内的化学物质,如多氯联苯、杀虫剂、除草剂时产生的;② 化学源,如垃圾焚烧、汽车尾气、塑料橡胶制品高温加热等产生。大气中的二噁英主要来源于燃烧源。二噁英常以微小的颗粒状态存在于大气、土壤和水中,并在生物体内富集对生态系统和人体健康造成极大危害。二噁英可经呼吸道、消化道和皮肤进入人体,分布于全身,且一旦摄入就很难排出体外,积累到一定程度就会引起一系列严重疾病。

摄入水产品是二噁英进入人体的主要途径之一,在鱼、鱼油以及贻贝、牡蛎等贝类中均检测出不同程度的二噁英。尽管水体中二噁英浓度很低,但水生生物可富集,浓度较高。美国对污染最严重地区的大湖流域鱼的污染状况研究表明,25%样品中检出一种二噁英含量为0.5~2微克/千克,10%样品超过5微克/千克,最高水平可超过85微克/千克。我国湖北鄂州市西北的鸭儿湖底泥中,检测出17种剧毒的二噁英物质,湖中发现大量畸形鱼类。经检测证实,是当地一家化工厂在生产五氯苯酚和五氯苯酚钠时,产生大量的二噁英副产物造成了污染。

二噁英是一种剧毒物,毒性是氰化钾50~100倍,是DDT的1万倍,0.1克二噁英可致数十人死亡或上千只禽鸟死亡。二噁英具有致癌性、致畸性及致基因突变的作用。长期接触二噁英的工人和越战老兵(接触落叶剂),其癌变发病率明显提高。国际癌症中心将二噁英列为人类一级致癌物。二噁英还具有生物毒性、免疫毒性和内分泌毒性,一旦侵入人体,将永久性破坏人体的免疫系统及扰乱人体的激素分泌。二噁英为主要的环境激素,它在人体和动物体内发挥类似雌激素的作

用,干扰体内正常分泌的激素,影响生殖系统。二噁英还可能造成儿童的免疫能力、智力和运动能力的永久性障碍,比如免疫功能低下、痴呆、多动症等。

3. 多环芳烃(PAH$_S$)污染

多环芳烃是指分子中含有两个或两个以上的苯环的碳氢化合物,可分为芳香稠环型和芳香非稠环型。多环芳烃是一类致癌性很强的环境污染物,已发现的致癌性多环芳烃及其衍生物的数量超出数百种,是分布最广的环境致癌物。

多环芳烃是环境中常见的污染物,存在石油、煤油或不完全燃烧产生的焦油、润滑剂和家庭污水。大气中的多环芳烃的人为来源主要有石油、煤油等化工燃料及木材、烟草等有机物的不完全燃烧、汽车尾气等。多环芳烃在水环境中的渗透性使其成为在海洋生物中广泛分布的污染物,因为它很容易与这些动物接触,并且很难被双壳类动物代谢出来,所以它可能给人类造成潜在危害。多环芳烃对人体的危害可以对皮肤和呼吸道系统造成致癌作用。

石油是产生多环芳烃污染的主要污染物,由于石油勘探、开发和炼制工业的发展,加上交通运输和油船事故的发生,使大量石油进入水体,造成海洋环境严重污染。据1992年检测的结果,我国近海岸都出现不同程度的油污染,油污染检出率为93.2%,超标率为51.2%,近年有增长的趋势。

石油中对人体毒性最大的是芳烃,尤其是多环芳烃。多环芳烃易溶于水,因此也容易被海洋生物特别是双壳贝富集于体内,产生"石油味"。人食用了受石油污染的水产品会产生恶心、倒胃口等不良反应外,长期累积还具有致癌作用。当水产品体内石油烃浓度达到25~30毫克/升时,人食用时就会闻到石油味,并且采用任何加工方法都无法消除石油气味。我国对水产养殖水体规定石油烃浓度的限值为0.05毫克/升。

4. 环境激素

人体的内分泌能分泌一种性激素,可以刺激生长和生殖系统的成熟。被称为"环境激素"的壬基酚和辛基酚等外来的化学物质通过食物链（如鱼）进入人体，将会产生"假性激素"，即产生类似激素的作用，影响人体正常的激素分泌量，并干扰体内激素的平衡。

壬基酚和辛基酚是洗涤剂，在纺织产品和皮革涂饰中相当常见的化学原料。这两种物质可导致雌性早熟以及雄性精子质量下降、数量减少等性发育和生殖系统问题。全氟辛烷磺酸被广泛应用于纺织品、地毯、造纸、防水涂料、消防泡沫等产品中，它对神经、内分泌等亦有干扰作用。

"环境激素"一词，是1977年7月日本科学家首先提出的。目前列入"环境激素"的化学物质约有70多种，如多氯联苯、石棉、DDT、汞、镉及其化合物。

国内有关专家认为，目前无需对"环境激素"恐慌，理由一是长江野生鱼仅占市场销售的极少部分，目前尚无证据表明养殖鱼类也存在着这一问题；二是目前国内虽然法规尚未对壬基酚、辛基酚的使用和检测进行规定，但即使壬基酚含量达85.0微克/千克，不会对人体造成明显危害。

在日常生活中，人们可能不太了解另两种危害更大的"环境激素"——双酚A（BPA）和邻苯二甲酸二酯（DEHP），如果用含这两种"环境激素"的塑料制品存放水产品等熟食品，食用不当也会对健康造成危害。双酚A是在塑料制造中常用的一种碳氢化合物，作为增塑剂的双酚A是用来制造聚碳酸酯（PC）制品的原料，如塑料包装、奶瓶、微波炉专用产品等，三角标志内数字为7。这类塑料产品在加热或与酸碱化合物接触时，会加速这些材料中双酚A的释放，如在高温下双酚A的释放量是常温的50倍。为了保障儿童健康，加拿大、美国、欧盟国家和我国都已禁止在婴儿奶瓶制作过程中使用双酚A。邻苯二甲酸二酯是一种塑化剂，聚氯乙烯（PVC，三角标志内数字为3），食品保鲜膜中含有这种物质。如果用这种保鲜膜接触带油脂的食品或用微波炉加热或在高温下使用，都会释放这种有毒物质，其毒性比三聚氰胺强了3.45倍。世界卫生组织对邻苯二甲酸二酯规定的每日耐受摄入量为0.025毫克/千克，体重60千克的成人，如果终生每天摄入1.5～8.5毫克，才可能导致明显的健康损害。过量摄入邻苯二甲酸二酯，可以促使女性早熟、儿童性别错乱,严重时可能引发男性患睾丸癌。

三、农药污染

我国是农药生产和使用大国,1990年我国的农药产量已占世界第二位,约占世界总产量的1/10,仅次于美国。我国每年常用农药有150~160种,用量在4万吨左右。农药自问世以来,品种越来越多,应用范围也越来越广,目前几乎遍及各地各类作物。在控制病虫害方面发挥了巨大作用,同时也带来了农药残留和环境污染等副作用。

水产品中的农药残留一部分来自人为施加的杀虫剂、杀菌剂,另一部分是来自受污染的养殖水域。水生生物很容易通过食物链在体内富集农药,如可以把食物中原来少于0.1毫克/千克含量的滴滴涕(DDT),逐步积累到10×10^6毫克/千克,即增加100倍。人处于食物链的终端,人体内约有90%的农药是通过被污染的食品摄入的,水产品是人体摄入农药的主要途径之一。

农药的品种很多,包括有机氯如滴滴涕、六六六、艾氏剂、七氯、六氯化苯、毒杀芬、林丹(丙体六六六)、五氯苯酚,有机磷如敌百虫、敌敌畏、对硫磷、马拉硫磷,有机硫,有机汞,含砷剂,重金属盐类,生物碱等。

有机氯农药是一类应用最早的高效广谱杀虫剂,20世纪60年代发现它们具有污染、高残留和毒性问题后,20世纪70年代在一些国家和地区相继限制使用和禁止使用这类农药。水生生物很容易通过食物链在体内富集有机氯农药倍数甚至几万倍以上,并且长期残存于脂肪组织中,是造成水产品农药残留的主要问题。有机氯农药中较有代表性的品种是滴滴涕,美国于1972年12月命令禁止使用,我国于1984年停止生产。滴滴涕降解速度缓慢,在土壤中分解95%所需要的时间长达30年之久,至今此类物质仍然滞留于环境中,由于生物链富集作用,只要水体中还存在微量的滴滴涕的残留物,就会危害水中的生物。日本曾对深海捕获的沙丁鱼等6种鱼进行检测,滴滴涕含量为0.3微克/千克,六氯化苯为0.025微克/千克,可见深海鱼类的农药污染也达到了相当的程度。1990年,国家海洋环境监测中心调查了我国长江以北沿岸几种主要经济贝类体中有机氯农药残留量,结果表明从鸭绿江到长江口的各种经济贝类均已受到有机氯农药六六六、滴滴涕的污染,以六六六的影响最为普遍,但其含量均远低于评价标准,食用价值尚未受到影响。滴滴涕对人的危害主要是造成慢性中毒,表现在其对肝、肾和神经系统的损伤,还伴有不同程度的贫血、白细胞增多病变。除此之外,艾氏剂对鸟类、鱼类和人都有致命危害,对于成年人来说致死剂量为5克,人类是艾氏剂最为严重的受害者,鱼对艾氏剂的生物富集系数为3 140。六氯化苯在内陆水体中污染较严重,美国在1980～1981年对内陆淡水鱼的调查中,整鱼样品有24%检测出六氯化苯。我国对太湖沉积物中的有机氯农药残留进行检测,发现六氯化苯几乎在所有的样品中均被检测到,残留水平在各种有机氯农药中排第二位。农药中的五氯苯酚在水中的半衰期为190天,对水生生物毒性高,对哺乳动物的生殖腺、肝、肾有影响。在淡水虾养殖中仍有极个别不守法养殖户将其作为清塘剂和杀鱼药物违规使用。

第三节　水产品受到核污染

2011年3月11日,日本本州岛以东海域发生里氏9级强震,并引发海啸,福岛第一核电站随后发生爆炸及核泄漏事故。事故级别被定为国际核能事件分级表中最严重的7级,与原苏联切尔诺贝利事故等同。释放的半衰期长达30年的放射性铯-137的量,相当于广岛原子弹爆炸的168倍;半衰期约为8天的放射性碘,相当于广岛原子弹爆炸的2.5倍;锶-90是广岛原子弹爆炸的2.4倍。日本原子能安全保安院随即宣布,在福岛第一核电站排水口附近的海水中检测到了浓度相当于法定限度1 250.8倍的放射性碘-131,如果摄入500毫升这一浓度的水,就会达到每人每年摄入量的安全上限,即1毫西弗,从近海捕捞的小沙丁鱼和河流及湖海中捕捞的两种淡水鱼体内,检测出超过食品卫生法暂定标准——每千克鱼肉500贝可[勒尔]的放射性铯,其数值超标在700贝可[勒尔]以上;还有放射性碘,每千克鱼肉1 700贝可

[勒尔]（玉筋鱼测出4 080贝可[勒尔]），为日本允许水产品中上限每千克2 000贝可[勒尔]之上。因此近海的玉筋鱼卖不出去，沙丁鱼价格只有平时的一半。在福岛第一核电站以南30～65千米的海港附近生产的海带、紫菜等的放射性活度达到每千克1.4万贝可[勒尔]，远远超过日本食品卫生法规定的每千克海藻所含放射性碘不超过2 000贝可[勒尔]安全标准，放射性铯不超过500贝可[勒尔]。时隔近一年半，从福岛第一核电站半径20千米海域捕获的大泷六线鱼体内，检测出相当于2.58万贝可[勒尔]/千克的放射性铯，这是日本政府确定的一般食品标准值（100贝可[勒尔]/千克）的258倍，食用1千克这种鱼相当于遭到约0.4毫西弗的体内辐射（相当于照射了11～22次X射线胸部透视），福岛县农业部门也坦言，福岛附近的鱼受到了较大的核辐射污染，对鱼类检查的结果是目前除了章鱼外，其他鱼类尚不能食用。美国科学家警告说福岛第一核电站附近海域的鱼类，在10年内不宜食用。

  那么，我国与日本一水之隔，福岛的核事故是否会对我国海洋的水产品造成核污染呢？根据我国国家核事故应急协调委员会专家组分析，福岛核事故的放射性物质经大气和海洋稀释后，不会对我国公众健康造成影响。我国水产专家坦言，首先，由于西太平洋海流是朝东走向，因此核辐射海域的海水主要会对美国、加拿大等地区造成影响。其次，我国和日本海水之间有一道天然屏障，一般被称为赤道黑潮的水流把两国海水"禁锢"在各自区域里，海水中的生物无法"过界"，海水也无法混合。我国在北太平洋捕获鱿鱼，与日本福岛相隔1 000千米，因此从鱿鱼体内监测的放射物质都属正常。2011年，上海对我国海域海捕水产品进行过检测，共检测12批次，112件样本，碘-131和铯-137均未发生异常。事实确实如专家所料，美国马萨诸塞州伍兹霍尔海洋研究所从2011年6月开始，一直对日本福岛核事故的扩散进行监测。2012年2月透露，在距日本30～640千米的太平洋海域，检测到该海域中的海水、鱼和漂浮生物体上的辐射物质铯-137的量是正常值的10～1 000倍。事隔1年多，美国研究人员在距离日本近1万千米外的美国西海岸发现了携带日本福岛核电站辐射物铯-134和铯-137的蓝鳍金枪鱼，其含量是同类鱼去年所携带量的10倍，所幸的是这个含量仍然远远低于美国和日本政府规定的食品安全标准含量。其次,即使吃了受辐射的鱼,辐射物质无法积累到一定限量,也不会对人体有害。上海某医院核医学科专家说:"直到目前,历史上还没有事实证明,辐射物质能通过食物链的形式对人体健康造成损害。"

第三章
养殖水产品的渔药残留

我国是水产养殖大国，自从 2002 年水产产量占世界首位后，连续十多年都居世界第一。在水产养殖中，为了防治水产动物疾病、促进生长、改善饲料的转化效率和提高繁殖能力，不可避免地会使用渔药和添加剂，但同时也造成了水产品可食组织的渔药残留。如美国曾经在大麻哈鱼养殖过程中，每亩水面每年使用 1.1 千克抗生素，每年用于治疗鲶鱼肠道败血病的抗生素达到 1 428～2 856 吨。随着膳食结构的不断改善和对动物性蛋白质需求的不断提高，人们对水产品等动物的食品安全要求也越来越高。世界卫生组织认为，兽药残留将是今后食品安全问题中最严重的问题之一。2006 年 11 月 17 日，上海市食品药品监督管理局公布了从批发市场、超市及饭店现场采集的 30 件冰鲜或鲜活多宝鱼（学名大菱鲆）样品进行专项抽检的结果。样品中全部被检出硝基呋喃代谢物，部分样品还被检出恩诺沙星、环丙沙星、氯霉素、红霉素和孔雀石绿等多种渔药残留，部分样品的土霉素含量超过国家标准限量，其中呋喃唑酮代谢物的最高检出值达 1 毫克/千克，超标十分严重。曾经是美味佳肴的多宝鱼转瞬间成了"过街老鼠"，人人弃之，致使不少人对养殖水产品的药物残留产生恐惧心理。实际上，我国目前养殖水产品确实存在着一些药物残留问题，但我国的各地政府和相关部门都非常重视养殖水产品的安全问题，并制定了一系列有关无公害水产养殖的法规、准则。通过一些专业单位的抽样调查，总体来讲我国的养殖水产品的药物残留问题并没有像人们担心的那样严重。

第一节　渔药残留带来的危害

养殖水产动物的渔药残留在理论上或定性层面上对人体可能带来以下三方面的危害。

一、对人体产生耐药细菌的危害

有一些人畜共患病的病原菌是一样的。水产动物经常反复接触某一种抗菌药物后，其体内可以产生耐药菌株，当人们食用含药物残留的水产品后，水产动物体内的耐药菌株可传播给人体，如国外学者在1998年证实鱼类的霍乱弧菌的耐药性可通过"质粒"传递给人类的霍乱弧菌。当人体发生疾病时会给临床上感染性疾病的治疗带来一定的困难。如青霉素自1928年发现，1941年开始用于临床治疗，在1952年前几乎可以100%杀灭葡萄球菌，而如今只能杀灭10%的葡萄球菌；20世纪50年代初的一次注射量只有2万～4万单位，如今已经使用到160万～1600万单位，就连新生儿也都要用80万单位。有几种葡萄球菌，除了万古霉素之外所有的抗生素都已失效。滥用抗生素影响的不仅仅是个人，而是一个人群。产生耐药性的菌株一旦感染了别人，这种细菌在别人的体内大量繁殖后同样有耐药性，所以说滥用抗生素是一个很严重的社会问题。

近年来，一些发达国家已意识到动物饲料中添加抗菌药物的潜在危害，从1996年开始立法禁止在动物饲料中使用抗生素，而有些国家目前仍然在动物饲料中使用一部分抗生素。

二、对人体产生的直接危害

经常食用含有低剂量药物残留的水产品，残留药物在人体内蓄积，在低剂量时不一定会出现明显症状，当浓度达到一定量时就有可能产生多种危害。主要有：(1) 毒性反应。如链霉素等氨基糖苷类抗生素易损伤听神经及肾功能；四环素类抗生素易抑制幼儿牙齿发育和骨骼生长；氯霉素能引起再生障碍性贫血，导致白血病的发生；磺胺类药物

可引起肾脏损害等。(2)过敏反应(变态反应)。如磺胺类、四环素类、喹诺酮类和某些氨基糖苷类抗生素,很容易引起过敏反应。轻者出现红疹,严重者甚至发生危及生命的综合征。如磺胺类药物能引起人类的皮炎、白细胞减少、溶血性贫血和药热等病症。在临床上,轻者可表现为有瘙痒的荨麻疹、恶心、呕吐、腹痛腹泻,严重者表现为血压急剧下降,迅速引起过敏性休克,甚至死亡。(3)"三致"作用(即致癌、致突变、致畸)。如孔雀石绿是一种强致癌物质,呋喃西林、呋喃唑酮和己烯雌酚也具有较强的致癌作用。人工合成的甲基睾丸酮可能增加肝癌的患病率,氯可与水中有机物反应生成致癌物质。(4)内分泌失调。如儿童食用含促长激素的食品易导致早熟。

三、对人体产生菌群失调的危害

药物残留进入人体,可能造成人体肠道内菌群失调,造成间接的危害。正常情况下,人的肠道内存在100万亿个300种细菌,健康人的肠内有益菌群占绝大多数,有害菌极少,形成一个微生态平衡。这些有益菌会产生维生素等多种营养物质,并且抑制有害菌生长、繁殖。如果水产动物残留抗菌药物进入人体内积累到一定程度就可能会使有益菌被抑制或杀死,微生态平衡失调。其结果是使人体必需的维生素等营养物质的产生减少,有害菌大量繁殖,形成"二次感染"。

实际上,水产动物体内的抗菌药物残留对人体健康带来的危害,并没有达到理论上或人们想象中那样严重的程度。

(1)在水产动物体内产生的耐药菌,通过食物或接触感染人体后,使患者治疗造成困难。这一说法理论上是成立的,但直接的案例极少。有专家认为由动物引起的人类耐药性问题占全部人类耐药性总数的4%以下。目前尚没有证据表明动物使用抗生素成为威胁人类健康的主要因素。与人类自身在医疗上滥用抗菌药物所造成的危害相比,显然是"小巫见大巫"了。水产动物携带的耐药菌,可以通过煮透烧熟来避免感染给人体;而医疗上滥用抗菌药物所造成人体内产生耐药菌是直接的,无法通过烹饪来杀灭。医疗上滥用抗菌药物属于世界性问题。据统计20世纪五六十年代,全世界死于感染的人数,每年不超过700万,而到了20世纪末,因为耐药菌越来越多,死于感染的人数上升到2 000万。我国已成为世界上滥用抗生素问题最突出的国家之一。我国人均抗菌药物的年消费量在138克左右。最常见的被滥用抗生素有用于输液的青霉素,卫生部调查数据显示我国平均每年每人要"挂8瓶水"(指抗生素),远远高于国际的2.5~3.3瓶的平均水平。据1995~2007年疾病分类调查资料,中国感染性疾病占全部疾病的总发病数的49%,其中细菌感染性占全部疾病的18%~21%;也就是说中国真正需要使用抗菌药物的病人不到20%,而80%以上属于滥用抗菌药物。欧美发达国家的抗菌药物在医院内使用率仅22%~25%,而我国住院患者的抗菌药物使用率高达80%。我国每年有20万人死于药物不良反应,每年因药物不良反应住院的有250万人,其中40%是死于抗菌药物的滥用导致的。我国1/3的残疾人属于听力残疾,而60%~80%的致聋原因与使用抗生素有关。从细菌的耐药发展史可以发现,医学上开发一种新的抗菌药物一般需要10年左右的时间,而一代耐药菌的产生只要2年的时间。抗菌药物的研制速度远远赶不上耐药菌的产生速度。因此,有识人士呼吁如果人类继续滥用抗菌药物,今后当细菌变得"刀枪不入"时,我们就无药可治了。

(2)理论上,水产动物残留的抗菌药物摄入人体内,积累到一定程度会造成中毒反应、过敏反应和"三致"作用,但有些专家持有不同看法。抗菌药物用于治疗动物和人体疾病的剂量,一般都是以每千克体重来计算的,用药量基本上差别不大。如果体重50千克的成人一餐食用0.5千克刚吃过抗菌药物的鱼,摄入的抗菌药物剂量只有人体自己服用药量的1%。以多宝鱼为例,一般人用治疗剂量每天最低300毫克/千克,而从多宝鱼中检出的最高值为1毫克/千克,只有人用治疗剂量的1/300。换言之,如果一个人一天吃了300千克多宝鱼,就相当于一天的人用剂量。实际上,每一种抗菌药物都有半衰期,如恩诺沙星在罗非鱼体内的半衰期为15.6小时,如果罗非鱼吃了恩诺沙星药饵饲养1天,其体内血液中残留浓度就减少一半以上,再饲养1天,又会减少一半以上。如果养殖户按照规定在上市前20天以上停止用药;

那么，即使在休药期前使用过抗菌药物，到上市前水产动物体内的药物残留已经微乎其微了。

第二节　造成渔药残留的原因和水产品药物残留事件

一、造成渔药残留的原因

1. 非法使用违禁药物

我国《无公害食品渔用药物使用准则（NY5071—2002）》规定："严禁使用高毒、高残留或具有三致（致癌、致畸、致突变）毒性的渔药。"如六六六、滴滴涕、硝酸亚汞、氟氯氰菊酯、五氯酚钠、孔雀石绿、磺胺噻唑、磺胺脒、呋喃西林、氯霉素、红霉素、环丙沙星、己烯雌酚、甲基睾丸酮等。

2. 不遵守休药期规定

休药期是指水产品停止给药到许可上市的间隔时间。通过休药期的这段时间，水产动物可通过新陈代谢将大多数残留的药物排出体外，使药物的残留量低于最高残留限量，从而达到安全浓度。如我国制定的《无公害食品渔用药物使用准则（NY5071—2002）》规定中的休药期，漂白粉≥5天、土霉素≥30天（鳗鲡用）、磺胺间甲氧嘧啶≥37天（鳗鲡用）。

3. 滥用药物

养殖户为了控制疾病，往往长期或超量地滥用药物，甚至不是针对性地使用药物。

二、水产品药物残留事件

前些年，我国水产养殖中滥用渔药的状况比较严重，不但危害了国民的身体健康，还影响了水产品的出口贸易，因而造成了巨大的经济损失，到头来又阻碍了水产养殖业的自身发展。这里选取一些曾发生过的水产食品安全事件，从中记取这些深刻的教训，引以为戒。

1. 出口水产品药物残留事件

(1) 2001年11月,从浙江省舟山市出口到欧盟的300吨虾仁被检测出0.2微克/千克氯霉素(欧盟规定的最低标准为0.1微克/千克,即发生"氯霉素风波")。2002年1月31日,欧盟食物链与消费品管理委员会通过决议,自2002年2月1日起全面暂停从我国进口动物性产品。同年6月虽然恢复了中国水产品的进口,但导致2002年1~6月我国水产品对欧盟的出口量和出口额两者比上年同期分别下降70.8%和79%。据不完全统计,2002年我国向欧盟出口的水产品的94家企业,遭受了高达6.23亿美元的损失。

(2) 鳗鱼及其产品的出口值在我国出口水产品中一直名列前茅,主要出口日本,但鳗鱼及其产品不断发生药物残留事件。2002年被检测的超标项目主要是磺胺嘧啶3次和噁喹酸1次;2003年磺胺嘧啶1次,噁喹酸0次,但被检测出的恩诺沙星40次;2004年恩诺沙星12次;2005年恩诺沙星3次,但又被测出孔雀石绿16次;2006年恩诺沙星1次,孔雀石绿19次,且该年又增加了硝基呋喃和硫丹,分别为13次和7次。

(3) 2006年10月18日,中国台湾卫生部门发布消息称,从昆山阳澄湖水产公司进口的约30吨阳澄湖大闸蟹验出硝基呋喃代谢物。

(4) 2009年,出口到美国的斑点叉尾鮰因药残超标而禁止出口。

2. 国内发生的水产品药物残留情况

(1) "多宝鱼"事件。2006年11月17日,上海市食药监管局从批发市场、超市及饭店现场采集的30件冰鲜或鲜活多宝鱼样品进行专项抽检。样品中全部被检出硝基呋喃代谢物,部分样品还被检出环丙沙星、氯霉素、红霉素、孔雀石绿等多种禁用渔药残留、部分样品的土霉素含量超过国标。其中呋喃唑酮代谢的最高检出值达到1毫克/千克,属相当严重。消息一经公布,铜川路水产批发市场的销售量和价格马上大幅度下降。多宝鱼(学名大菱鲆,俗称欧洲比目鱼)1992年从英国进入我国后,人工养殖就得到迅速发展,拥有数10万养殖户,年产量达5万吨,产值达40多亿元。"多宝鱼"事件后,山东、河北、辽宁等主要产区的多宝鱼严重滞销,其中山东的养殖占全国的80%,当年有近20亿元产值的多宝鱼销售受阻。

(2)"黄鳝服用避孕药"。近年来,儿童性早熟已成为较突出的社会问题之一。性早熟是指男童在9岁前,女童在8岁前出现第二性征。引起性早熟的因素非常复杂,有遗传因素、儿童过量进补或营养不均衡(如服用牛初乳、蜂皇浆、人参、洋快餐)、误服含激素药物、长期接触激素类似结构的农药、化学物质(洗涤用品、催熟水果),也包括食用了含激素的水产、畜禽的肉类、蛋、奶可能引起的性早熟。那么,"黄鳝服用避孕药催肥"是否属实呢?

自20世纪60年代起,我国水产研究者就试用甲基睾酮诱导罗非鱼性逆转获得成功。20世纪70年代起,激素曾被应用于水产养殖,其目的有两个:① 激素能够通过蛋白质同化作用,提高饲料转化率,并促进水产动物生长,如用甲基睾丸酮控制鲤鱼性腺发育可获得明显的促长效果,每千克饵料中加入0.4毫克激素,从1日龄鱼苗开始,连续投喂30天,再用无激素的饵料饲养1年,添加激素鲤鱼的平均体重可达252.5克,而不添加激素鲤鱼的平均体重仅171.9克,生长速度快46.9%,并且除去全部内脏的得肉率,添加激素的鲤鱼是94.4%,而不添加激素的鲤鱼为85.0%,经测定商品鱼的鱼肉内无残留激素。② 诱导性转化,使群体中雄性比例增加。如每千克罗非鱼饵料中添加0.02毫克甲基睾丸酮,连用30~40天,雄性率可达100%,雄性罗非鱼的生长速度比雌性快1~2倍。又如在每千克孔雀鱼饵料中添加0.03毫克甲基睾丸酮饲养40天,雄性率可达100%,雄性孔雀鱼的体色比雌性艳丽,可提高观赏价值。一般经诱导性转化的鲤科鱼类(如鲤、鲫),其生长速度比未处理的快2~3倍。应该说激素在水产养殖的发展中曾做出过一定的贡献。但到了20世纪90年代起,人们发现动物摄入了含激素的饲料后,其体内残留的激素会对人体健康带来危害,甲基睾酮代谢时间长,对人类的危害是慢性、远期和累积性的,其危害主要表现在干扰人体内自然激素的平衡,造成生理功能紊乱,更严重的是影响儿童的正常生长发育,导致性早熟。欧盟从20世纪90年代就开始在动物饲养中禁用激素,我国是从21世纪初开始禁用的。2002年9月,农业部就出台了《无公害食品渔用药物使用准则》,规定甲基睾丸酮为禁用渔药。

黄鳝的养殖历史已有20多年,"黄鳝服用避孕药"的传言,最早出现在20世纪90年代末,当时激素尚未被禁用。客观地讲,当时可能有个别养鳝户会使用激素,也有可能极个别养鳝户曾使用过避孕药来达到促长效果。而现在使用激素是违法行为,因此水产饲料厂基本上不会在饲料中添加激素了。2003年,上海市某科研单位就对采用野生和养殖的黄鳝共100尾进行炔诺酮(与炔雌醇合用作为口服避孕药)检测,均未检出到炔诺酮。近年来我国的食药监管越来越严,据农业部2008~2011年对黄鳝产地的监督抽查结果显示,黄鳝中的己烯雌酚激素超标率为0。

激素有雄激素和雌激素两大类,雄激素最常用的是甲基睾丸酮,雌激素最常用的是雌二醇。两类激素的功能是有差别的。实际上,"黄鳝服用避孕药"传言是违背客观科学常理的。黄鳝有一个非常特殊的性逆转现象,即黄鳝生下来时都是雌性的,产完卵后再逐渐转变为雄性。在雌性阶段生长较慢,一旦变为雄性后,生长速度约快2倍。避孕药主要成分是雌激素,如果黄鳝真的服用了避孕药,不但不会促长催肥,反而会延长黄鳝的生长较缓慢的雌性阶段,反面对生产造成不利。

为了证明黄鳝服用避孕药催肥是否有效,早在10年前就有水产科研究部门做过临床试验。在黄鳝饲料中加入2种雌性激素(雌二醇、雌三醇)和1种雄激素(甲基睾丸酮),3种激素的剂量又分低、中、高三组。试验结果发现:饲养1个月后,投喂激素的黄鳝发生了大批死亡,高剂量组死亡率高达90%,中剂量组70%,低剂量组50%。这一试验说明饲养黄鳝服用激素在生产上是行不通的。大量的试验资料证明,不是所有品种的鱼使用激素都能促长的,尤其是雌激素对有些品种的鱼来讲,反而会提高死亡率,黄鳝就是一例。

那么,市场上的大黄鳝是从哪里来的?黄鳝有野生和养殖两种,在一般消费者的印象中,黄鳝应该是比较细长的,没有像现在的黄鳝长得如此肥大。其原因是较细长的黄鳝多数是野生的,而较肥大的黄鳝多数是养殖的。黄鳝的视觉较差,摄食主要依靠嗅觉,且昼伏夜出,野生黄鳝完全依靠自身捕食,能够从天然水体中捕获的饵料非常有限,经常处于饥饿状态,因此就长得比较细长。而现在的黄鳝大部分是采用网

箱养殖的,饵料充足、营养丰富,并且网箱小,运动空间小,"少动多吃",在这样的条件下养殖出来的黄鳝自然就肥大了。

同样,"大闸蟹是喂激素长大"的传言也基本上不靠谱。河蟹是节肢动物,激素对它无效。假设人为添加的激素对它"催长"有效,那么也只会导致这样的河蟹——"无黄无膏",就会大大掉价了。中国香港的抽样结果显示,从 2011 年至 2012 年 7 月初,香港抽查了来自内地的 110 只大闸蟹样本,除 1 例含有少量兽药残留外,其他全部合格。

目前,在水产饲料中添加激素的现象基本上得到了遏制,但激素在罗非鱼养殖中仍在使用。罗非鱼雄性比雌性的生长快 1 倍左右。从 1 日龄鱼苗(从卵黄囊消失,开口进食)就开始,用酒精溶解激素,然后喷洒在饲料上,使同一批鱼苗均匀吃到含激素的食物,连用 20～30 天,即可获得 95%以上雄性罗非鱼。苗种生产单位和商品鱼养殖户已结为紧固的利益合作体,如果苗种生产单位不用激素处理生产出来的罗非鱼苗种就没有人要买。目前这一状况颇令人困惑,因为在国家禁用激素的规定中,仅指不能作为饲料添加剂使用,并没有写明药浴是否禁用。如果从广义角度理解,规定中的禁用也可以包括药浴这一方式。从生产角度讲,不用激素处理会影响产量和效益。罗非鱼在我国南方是一个"大产业"。我国是罗非鱼生产大国,年产量超过 100 万吨,约占世界总量的 1/2。从某种意义上讲,如此庞大的产业,激素是支撑其生产量的重要基础之一。美国等国家的罗非鱼行业允许在育苗阶段使用激素,即从卵黄囊消失、开口进食开始使用,并且使用剂量、使用时间等都有严格规定。实际上,激素进入鱼体内的代谢速度较快,使用时即使在鱼体内有少量激素的残留,一般经过几个月的饲养后,其残留量就基本上测不出了。因此,国外都明知我国出口的罗非鱼在鱼苗生产阶段使用过激素,因出口时未检测到激素含量超标,因此也没有提出非议。

(3)中国香港桂花鱼检出残留孔雀石绿。从 20 世纪 30 年代起,孔雀石绿已被世界各国广泛应用于水产动物的霉菌病、细菌病和部分寄生虫病的防治。因其抑霉效果特别好,被称为"水霉病的特效药"。但从 20 世纪 90 年代开始,发现其对人体存在潜在的危害(最早是英国发现生产孔雀石绿的工人常患有膀胱癌)后,世界各国相继禁用。加拿大于1992年就禁止孔雀石绿作为渔场杀菌剂。美国规定在食用水产品中禁止检出孔雀石绿。欧盟是2002年6月起立法禁止使用孔雀石绿。我国最早是在2001年,农业部行业标准《无公害食品渔用药物使用准则》中禁止使用孔雀石绿;2002年5月,农业部又将其正式列为禁用药物清单中。2005年6月,河南、湖北等地的水产养殖业和水产品贩运中使用孔雀石绿的情况被媒体曝光后,引起了国内外的广泛重视。我国出口的鲜活水产品一时遭到多个国家的禁入。针对这一情况,农业部办公厅于2005年7月发出了《关于组织查处"孔雀石绿"等禁用兽药的紧急通知》[2005]24号。在全国范围内严查违法经营、使用孔雀石绿的行为。2005年8月,国家质检总局也在全国范围内进行针对孔雀石绿的专项抽查,先后对鲜活水产品、淡水水产品及其制品进行抽查。

但由于孔雀石绿的抗霉菌效果好,价格低廉,并且对其毒副作用的宣传和监管力度不够等原因,在水产养殖中还常有违规使用的情况。在国内,如2005年福建、江西、安徽等省出口欧盟、日本、韩国的鳗鱼产品先后被检出孔雀石绿残留。2006年,上海市场查出多宝鱼,香港市场检出桂花鱼(鳜鱼)存在孔雀石绿残留,曾引起轰动。在国外,如2005年6月5日,在英国超市出售的鲑鱼体内检出孔雀石绿残留后,许多国家也相继报道在水产动物中检出孔雀石绿残留。因此,孔雀石绿成为继"苏丹红1号"之后,又一个受世界关注的食品安全热点。

孔雀石绿具有高毒、高残留及"三致"作用(致畸、致癌、致突变)等毒副作用。孔雀石绿进入鱼体后转变为无色孔雀石绿在鱼体内代谢很慢,并不断蓄积,即使在鱼卵孵化时使用了孔雀石绿防治水霉病,也可能会在鱼种或成鱼中检出到。据资料,用0.1毫克/升浓度孔雀石绿药浴欧洲鳗鱼1天,药浴后6小时,鳗鱼体内孔雀石绿残留达到最高峰,3天后鳗鱼体内孔雀石绿90%被代谢掉,30天后部分鳗鱼体内已检测不出,80天后所有鱼体内都测不出孔雀石绿的残留。而用无色孔雀石绿药浴鳗鱼,30天后只代谢了50%,100天后鱼体肌肉中仍可检出到15微克/千克。欧盟规定在动物源食品中孔雀石绿的残留量限制为2微克/千克,我国2005年制定的标准要求水产品检出率不得超过1微克/千克,日本规定在进口水产品中不得检出孔雀石绿残留。

至今,我国还有个别部门仍有违法使用孔雀石绿的情况:① 育苗单位为了预防受精卵发生水霉病而违规使用。目前,我国还无法对每个生产单位的用药状况实行监管,即使是育苗单位在育苗期间曾使用过孔雀石绿,当其变成商品上市时,只要孔雀石绿的检出率不超标,也不属于"违法"。② 水产品商贩在长途运输中为了预防水产动物受伤后感染而违规使用,并且使用过孔雀石绿的鱼死后的颜色也较为鲜亮,消费者很难从外表上看出鱼已死了多长时间。1995年和1996年,曾在上海的水产市场先后发生过"绿甲鱼"和"绿龙虾"异常现象。煮熟后甲鱼全身和大龙虾肉质呈绿色。据分析,可能是水产商贩使用孔雀石绿所致。目前,市场上甲鱼、鳗鱼中存在孔雀石绿残留的情况较多。因此,专家提醒消费者,凭肉眼很难判断水产动物是否使用过孔雀石绿,如果发现水产动物体表带有绿色或煮熟的汤汁呈绿色,就要引起警惕该水产品可能已被孔雀石绿污染。此外,在饲料原料鱼粉中也可以检出孔雀石绿。鱼粉的主要原料为海洋捕捞的野生鳀鱼、鲱鱼、沙丁鱼等,不应该检出孔雀石绿。但由于我国每年鱼粉的需求量大,超过100万吨,因此,国内市场上流通的鱼粉来源和质量的差异非常大。

不过,孔雀石绿对人体的真实危害,可能没有像理论上讲的那样危言耸听。中国香港特区政府食物环境卫生署于2005年8月公布的第21号风险简讯中,较客观地介绍了孔雀石绿对人类健康的影响,现摘录如下,供读者参考。"① 联合国粮食和农业组织、世界卫生组织联合食物添加剂专家委员会,以及国际癌症研究机构等国际食物安全组织,都未有评估孔雀石绿的食用安全问题。② 利用动物进行的实验研究结果显示,孔雀石绿会毒害实验动物的肝脏,引致贫血和甲状腺异常,以及影响胎儿成长。③ 动物实验同时发现,孔雀石绿会使老鼠的肝脏出现肿瘤,但目前未有证据证实孔雀石绿可令人类患癌。④ 在基因毒性(对基因造成的破坏力)方面,国际科学界对孔雀石绿和无色孔雀石绿是引起基因突变或损害基因的问题,所得的证据并不一致。⑤ 由于孔雀石绿会令试验动物患癌,因此不适宜在食用鱼身上使用。根据现有的毒理学资料显示,如在养殖水产动物时滥用孔雀石绿,进食这些水产动物的人士可能因而过量摄取这种化学物质致健康受损。⑥ 根据最近检测本地出售的淡水鱼所含孔雀石绿的结果,摄取该分量的孔雀石绿,不大可能对人体健康造成严重影响。如采用国际标准的风险评估方法,根据动物试验所得结果推断到人类来计算,即使人类每天进食多达290千克淡水鱼,估计所摄取的孔雀石绿仍不会严重影响健康。至于孔雀石绿含量较高的鳗鱼,就算人类每天进食多达7千克,估计所摄取的孔雀石绿亦不会严重影响健康。"

(4)"黄粉"染出野生甲鱼。甲鱼在野生环境下生长周期长,体内色素积累较多,在外表上就表现出自然的黄绿色。如果在甲鱼饲料中添加一种"黄粉",不到一个月时间养出甲鱼的体表就会变黄,故商贩给养殖的甲鱼添加"黄粉"来冒充野生甲鱼,一般外行人很难加以识别。在利益的驱动下,国内一些地区的饲料厂、养殖户、鱼贩和餐馆共同形成了一条利益链。饲料厂在每吨甲鱼饲料中多花500元成本,最少可多赚几千元;养殖户和鱼贩出售每500克添加"黄粉"饲养的甲鱼,可各自多获利5~10元;一些不良鱼贩甚至达到了养殖户养殖的甲鱼不添加"黄粉"拒绝收购的程度,餐馆作为消费终端,赢利则更多。

该"黄粉"很可能是化工合成的类胡萝卜素。类胡萝卜素有不少种类,如化工合成的加利红、加利黄、万寿菊天然提取物叶黄素和价格较昂贵的虾青素。此外,还有不属于类胡萝卜的柠檬黄、日落黄等。

据内行介绍,真正的野生甲鱼的背甲是淡绿色(绿豆皮颜色),底板乳白色,边缘略偏黄,指甲长,指甲尖略黄,而添加"黄粉"冒充野生甲鱼,其背甲底板均较黄,并且着色不均。添加"黄粉"的甲鱼,煮出的汤是黄色的。因此,一些餐馆加工采用红烧之类的烹饪,酱油放多了,就不易看清黄色了。由于媒体的曝光,近几年一些大中城市水产市场开始抵制添加"黄粉"的甲鱼进货。据报道上海从2009年10月就开始拒绝"黄粉"染色甲鱼进入水产市场。

(5)"染色三文鱼致盲"。最近某美食家发表的一篇文章中说,橙红色三文鱼是因为吃了一种叫"角黄素"的色素,声称这种物质会积聚于视网膜影响视力。经媒体转载又夸大其词变成"染色三文鱼致盲"。角黄素沉积在视网膜上的现象是存在的,但其沉积造成视力损伤一说并没有直接证据,而且停食后会慢慢地消失。

角黄素又叫斑蝥黄,是存在于甲壳类(虾、蟹)、鱼类、藻类等生物体内的一种天然类胡萝卜素,也有人工合成的产品,是世界各国允许使用的添加剂,加入饲料中可使三文鱼、大马哈鱼的鱼肉更加艳红。人体摄入角黄素后,大部分直接排出体外,只有9%~34%被吸收,停食后会很快消失,只有在脂肪中吸收的角黄素减退较缓慢,大约5天才减退一半。世界食品添加剂安全专家委员会限定的安全剂量为每天摄入量30微克/千克体重。

(6) 鱼虾也吃三聚氰胺。2007年三四月,美国发生多起猫、狗等宠物食用含有三聚氰胺宠物食品死亡事件。经美国食品和药品监督管理局(FDA)调查发现,由于宠物食品所用的小麦蛋白粉和大米蛋白粉含有较高浓度的三聚氰胺。2008年9月初,我国发生了震惊全国的"三鹿奶粉"事件。据调查资料,至2008年12月底,全国食用含有三聚氰胺奶粉导致29.6万婴儿出现泌尿系统异常,住院治疗患儿近5.3万人,重症患儿154人,死亡6人。上海某医院研究发现,含有三聚氰胺的"毒奶粉"造成肾结石的罪魁祸首是居住在人体肠道中的克雷伯氏菌,它能将三聚氰胺转成为三聚氰酸,进而形成不溶性复合物,产生肾结石,导致肾毒性发生。另据文献报道,只有约1%的婴儿体内具有克雷伯氏菌,因此,100个婴儿吃了"毒奶粉",可能只对一个婴儿产生危害。继之,媒体又爆料在水产品养殖饲料中掺入三聚氰胺的问题,使不少消费者担忧水产品中是否也有三聚氰胺残留。

其实,三聚氰胺并不是一种添加剂,它掺入饲料中没有任何营养价值。三聚氰胺又称密胺、蛋白精,是一种有机化学物质,广泛用于塑料、黏合剂、厨房桌面、餐具等。它的化学成分中含氮量高达66%,而蛋白质中仅含氮16%左右,从常规测定饲料中粗蛋白含量的凯氏定氮法,无法辨别三聚氰胺。不法分子在饲料中添加1%三聚氰胺,饲料中蛋白质含量就会虚增4.13%,而它的成本只有蛋白质的1/5。以对虾饲料为例,每增加1%蛋白质含量,每吨饲料的价格至少要增加100元,如果添加1%三聚氰胺,就有4%蛋白质含量增加,利润至少增加400元。

据调查,原料鱼粉、水产饲料等中掺入三聚氰胺时有发生。有不少养殖户买了掺有三聚氰胺的饲料,鱼虾长势很差,即使怀疑是饲料质量差的原因,但也告状无门。因为买来的饲料所测定的蛋白质含量是达标的,并且在"三鹿奶粉"曝光之前,它的美名叫"蛋白精",当时谁也想不到这种"蛋白精"与蛋白质是全然不搭架的。

  幸好三聚氰胺掺入饲料中对人体健康基本不会带来危害,它本身是一种低毒的物质,美国食品和药品监督管理局(FDA)提出,食品中三聚氰胺对人体耐受摄入量为0.63毫克/千克。它在机体内不会迅速发生任何类型的代谢变化,而是从尿液中原样排出。但是,经动物实验证明,长期喂食三聚氰胺能出现以三聚氰胺为主要成分的肾结石、膀胱结石。三聚氰胺对不同动物产生的毒性是有差异的。违法者为了增加饲料表现蛋白量,一般添加量在2克/千克以上,而对猫、狗的致死量为1.25克/千克。美国曾发现报道,猪、鸡、鱼吃了含三聚氰胺的饲料未产生积累。我国水产科技部门曾对彭泽鲫、罗非鱼和鲈鱼做过安全评价试验。当饲料中的三聚氰胺的含量在2毫克/千克(我国现在执行标准是饲料中三聚氰胺含量不得超过2毫克/千克)以上时,在3种鱼体中可以测出三聚氰胺。如果在每千克饲料中添加2毫克三聚氰胺的量,对于违法者来讲就无利可图了。因此,消费者食用水产品不必担忧三聚氰胺的残留问题。但日本还是将我国养殖的鳗鱼、虾、蟹、河豚、甲鱼等5种水产品及其加工品中的三聚氰胺列为进口监控检查项目之一。农业部早在2007年(农牧发[2007]8号文),就将三聚氰胺列为我国明令禁止的非法添加剂,禁止在任何饲料中使用。

第四章

水产品贮存和加工中存在的安全隐患

第一节　水产品贮存不当引起的腐败变质

水产品从产地（养殖或捕捞）到市场销售的中间贮存，或水产品加工成各种传统产品（如腌制、干制、熏制、糟制、罐头）和各种风味制品（如鱼丸、鱼肠、鱼片干）后，若储存不当，都会引起水产品腐败变质。

一、水产品容易腐败变质的原因

水产品中海藻属于易保鲜的品种，而对于鱼、虾、贝类来说，特别容易腐败变质，原因如下：① 鱼、虾、贝类消化系统、体表、鳃丝等处都黏附着细菌，并且细菌种类繁多。鱼、虾、贝类死亡后，这些细菌开始向纵深渗透。在微生物的作用下，体内的蛋白质、氨基酸及其他含氮物质被分解为氨、三甲胺、吲哚、硫化氢、组胺等低级产物，使鱼、虾、贝体产生具有腐败特征的臭味，这个过程就是细菌腐败，也是鱼、虾、贝腐败的直接原因。② 鱼、虾、贝体内含有活力很强的酶，如内脏中的蛋白质分解酶、脂肪分解酶；肌肉中的腺苷三磷酸（ATP）分解酶等。一般来说，鱼、虾、贝类的蛋白质比较不稳定和易于变性。在各种蛋白质分解酶的作用下，蛋白质分解，游离氨基酸增加，氨基酸和低分子的氮化合物为细菌的生长繁殖创造了条件，加速了鱼、虾、贝体腐败的进程。③ 鱼贝类的脂质由于含有大量二十碳五烯酸（EPA）、二十二碳六烯酸（DHA）等高度不饱和脂肪酸而易于变质，产生酸败；双氢被氧化生成的过氧化物及其分解物又加快了蛋白质变性和氨基酸的劣化。

海产品比淡水品和陆生动物脂肪酸中的不饱和脂肪酸含量更高，

所以特别容易氧化酸败。多脂鱼类如金枪鱼、鲱鱼、鲐鱼、沙丁鱼(脂肪含量通常在10%~15%,最高可达20%~30%)的冷冻品、干制品、熏制品、腌制品等长期储存,随着脂质的氧化,内部也强烈褐变,引起"油烧"。脂肪分解酶在$-20℃$以下仍能引起脂肪分解。④ 鱼、虾、贝类相对畜禽类来说,个体小、组织疏松、表皮保护能力弱、水分含量高,因此造成了腐败速率的加快。

二、辨别水产品鲜度和腐败变质的表观特征

1. 从水产品的颜色变化来辨别

(1) 红色肉鱼的褐变。一般鱼肉色素的主体成分为肌红蛋白,其中还含有少量的血红蛋白。新鲜的红色鱼肉如金枪鱼、大麻哈鱼的肉色是鲜红的,但在常温或低温下贮存时会逐渐变成褐色,如金枪鱼鱼肉在$-20℃$冻藏2个月以上,肉色从红色变成褐色,这是鱼肉色素中肌红蛋白氧化产生氧化肌红蛋白的结果。即肌红蛋白的血红素中二价铁(亚铁)被氧化成三价铁(正铁),产生褐色的正铁肌红蛋白。这是由于鱼死后肌肉中供氧终止,或环境缺氧而引起的褐变。一般肌肉中氧化肌红蛋白的生成率在20%以下时,呈鲜红色,在30%时呈稍暗红色,在50%时呈褐红色,在70%时呈褐色。在$-35℃$以下贮存金枪鱼等红肉色鱼可以有效地防止褐变。

(2) 红色鱼的褪色。鲑鱼、鳟鱼、鲷鱼等红色鱼,在冷冻、盐藏、罐头制造过程中颜色会慢慢变浅。原因是以虾青素为主的红色类胡萝卜素具有多个共轭双键,所以易于发生异构化和氧化。如果添加抗氧剂可以防止盐藏大麻哈鱼褪色。

(3) 虾、蟹的褐(黑)变。这是因为虾蟹死后,其体内发生了一系列变化,在外观上的主要表现为从新鲜时的正常壳色逐渐失去光泽而变为红色,甚至黑色。褐(黑)变出现的部位主要是在虾蟹的头、胸、足、关节、尾处。虾蟹的褐(黑)变现象与苹果、土豆的切口在空气中容易发生褐(黑)变的现象本质上是相同的。其原因主要是空气中的氧在氧化酶的催化作用下使虾蟹体内的酪氨酸氧化并进一步聚合而产生黑色素,使虾蟹体局部变黑,也称酶促褐(黑)变。虾蟹在冰藏或冷冻贮藏中常

会发生褐(黑)变。如果采用速冻包冰衣方法，一般不会变黑。冰藏过程中采用真空包装后进行贮藏，可取得较好的防褐(黑)变效果。

(4) 罐藏鱼、虾、蟹贝类变黑。水产品中含硫氨基酸较高的罐头食品，在高温杀菌过程中会产生硫化氢或由于微生物(如致黑梭状芽孢杆菌)的生长繁殖，致使食品中含硫氨基酸分解产生硫化氢。硫化氢与锡、铁反应，分别生成黑色的硫化锡和硫化铁，使罐头内壁出现黑色的硫斑。

(5) 腌制鱼表面产生褐变斑点。这是由一种嗜盐性霉菌引起，其孢子生长在鱼体表面，其网状根进入鱼肉内层。这种霉菌适于食盐浓度10%～15%、相对湿度75%、温度25℃左右的环境中繁殖。

(6) 蟹、虾变红。新鲜蟹、虾的青色，是由于虾黄素和蛋白质相结合而产生的，加热或变质后蛋白质变性，虾黄素被氧化成虾红素而变成红色。

(7) 干咸鱼变红。黄鱼鲞的表面感染了能产生色素的嗜盐性细菌后，其分解蛋白质使咸鱼鳞片上出现红色斑点，并逐渐蔓延到鱼体内部，俗称"变红"，并且产生一种令人讨厌的气味。

(8) 蟹肉罐头的蓝变。罐头中蟹肉会出现浓蓝色斑点，它是由含铜的血蓝蛋白形成的，老蟹、大蟹和鲜度差的蟹肉容易变蓝。

(9) 鱼肉变绿。有些鱼肉在冷冻贮存过程中出现绿色，如冷冻旗鱼肉。这种变色常出现皮下部位，稍带异臭。这是因为鲜度下降后微生物繁殖产生了硫化氢，在氯的作用下，与鱼肉中的肌红蛋白和血红蛋产生了绿色的硫肌红蛋白和血红蛋白造成鱼肉绿变。

(10) 多脂鱼类变黄。多脂鱼类的冷冻品、干制品、熏制品、腌制品等在长期贮存时，随着脂质的氧化，内部发生了强烈褐变，并引起"油烧"。水产品的"油烧"是由于不饱和脂肪酸的氧化而生成的各种醛类，与氨、三甲胺、各种氨基酸、蛋白质等含氮化合物相互作用而引起的。一般鱼类在腹部脂肪多的部位易"油烧"而发黄。脂肪多的鱼类在日晒和烘干过程中容易氧化。实验证明，－25℃仍不能完全防止脂肪氧化，氧化反应要降低到－40℃以下才能抑制减慢。海鲱鱼含有高度不饱和脂肪酸，长期保存十分困难，在温度－18℃的冷库中这种冻海鲱鱼只能保存1~2个月,超过此期限就会嗅到脂肪氧化的味道。油脂在氧化过程中会产生低分子的脂肪酸、醛、醇等,这些物质会产生不愉快的刺激性臭味、涩味和酸味等,这个过程也称酸败。

(11) 贝类、海藻变白。新鲜的鱿鱼、乌贼等软体动物在体表面分布着均匀的色泽,随着贮存日期的增加和新鲜度的降低,体表逐渐变成白色。原因是新鲜时色素细胞松弛,黑褐色斑点均匀分布在体表面,贮存过程中鲜度下降后,色素细胞收缩,使体表变成白色。根据颜色的变化可以判断软体动物的鲜度。

贝类干制品中,表面往往会析出一些白色的粉末,这些是具有一定营养性或一定生理活性的物质。干鱿鱼和干鲍鱼表面的白斑,主要成分是牛磺酸,这是一种具有降血压等多种功能的含硫氨基酸,此外,还含有甜菜碱、谷氨酸钠、组氨酸等成分。干海带、干裙带菜等海藻表面的白色粉末主要是甘露醇,也是一种重要的生理活性物质。

2. 从水产品气味变化来辨别

新鲜的鱼有很浓的海腥味,但当鲜度下降后,就产生了腐败的胺臭味,胺类化合物是臭味的主要成分,氨、二甲胺(DMA)和三甲胺(TMA)是代表成分。

胺类主要是氨基酸在细菌脱羧酶作用下产生的相应产物,如精氨酸产生腐胺、赖氨酸产生尸胺,组氨酸产生组胺,色氨酸产生色胺,酪氨酸产生酪胺等。其中的色胺可再分解成极其恶臭的甲基吲哚。

3. 干制品的发霉和虫害

(1) 发霉。细菌和酵母菌只有在水分子含量较高(30%以上)的食品中生长,而霉菌则在水分下降到12%的食品中还能生长。如果干制水产品加工时干燥不够,或干燥后在贮存过程中吸湿会引起发霉。

(2) 虫害。鱼贝类干制品在干燥及贮存过程中容易受到苍蝇、蛀虫的侵害。自然干燥初期,苍蝇可能在水分较多的鱼体上群集,传播腐败细菌和病原菌,而且在肉的缝隙间和鱼鳃等处产卵,较短时间内就能形成蛆。为了防止苍蝇侵害,需要添加杀虫剂,但一些不法分子可能添加敌敌畏等禁违农药。

4. 水产罐头食品的胀罐,平酸腐败和发霉

(1) 胀罐。常见的细菌性胀罐,由于杀菌不充分,残存下来的微生物或罐头裂漏从外界侵染的微生物繁殖生长的结果。

(2) 酸腐败。平酸腐败的罐头外观一般正常,但是由于平酸菌一类细菌产酸而使水产品产生轻微或严重的酸味。

(3) 发霉。罐头内食品表面上出现霉菌生长,一般并不常见。只有容器裂漏或罐内真空度低,才有可能在低水分及高浓度糖分食品中发现。

第二节 水产品贮存和加工中使用违禁或过量的添加剂

近40年来,全世界因滥用食品添加剂导致食品中毒事件层出不穷。据分析,全世界每年罹患癌症的500万患者中,有50%左右是食品污染造成的,其中有一些是来自食品添加剂。其实,食品添加剂本身"无罪",真正的元凶是滥用的"添加剂"。2008年6月1日起,实施的《食品添加剂使用卫生标准》名录中,食品添加剂有22类别,1 800多种。

水产品贮存保鲜除了低温、冷藏、干制外,化学保鲜也是常用的一种保鲜方法。实际上,传统的盐腌、酸腌和烟熏也属于化学保鲜法范围。化学保鲜法就是在食品加工和贮存过程中使用化学制品(俗称食品添加剂),以保持或提高食品品质和延长食品保存期,其优点在于在食品中添加了少量添加剂就能在室温条件下延缓食品的腐败变质。这是一种暂时性和辅助性的保藏方法,并且必须严格按照食品卫生标准规定控制其用量和使用范围,以保证食品的安全性。

水产品的食用添加剂主要有防腐剂和抗氧化剂两类:前者主要有苯甲酸钠(又称安息香酸钠)、山梨酸钠、对羟基甲酸甲酯(又称对羟基安息香酸甲酯或尼泊金甲酯)等,后者有酶制剂(如溶菌酶,葡萄糖氧化酶)、肽类(如鱼精蛋白)、甲壳素等。

防腐剂的作用是抑制食品中微生物生长,也称抗菌剂。苯甲酸钠

相对较安全,摄入人体内经肝脏作用,大部分在 9～15 小时内与甘氨酸或葡萄糖醛结合,生成马尿酸排出体外,而不在体内蓄积,但对肝功能衰弱者来讲不太适宜。世界卫生组织规定每日允许摄入量每千克体重 0～5 毫克。山梨酸钠摄入人体后能在正常的代谢过程中被氧化成水和二氧化碳,一般属于无毒害的防腐剂。世界卫生组织规定每日允许摄入量为每千克体重 0～25 毫克。我国规定在鱼、肉、蛋、禽制品中最大使用量为 75 毫克/千克。对羟基甲酸甲酯的毒性低于苯甲酸钠,联合国粮食和农业组织和世界卫生组织规定每日允许摄入量为 0～10 毫克/千克体重。

抗氧化剂,分脂溶性抗氧化剂和水溶性抗氧化剂两类。前者有丁基羟基茴香醚(BHA)、二丁基羟基甲苯(BHT)、没食子酸丙酯(PG)、维生素 E(又称生育酚)等;后者有维生素 C(又称抗坏血酸)、茶多酚(又称茶单宁、茶鞣质)、植酸和乙二胺四乙酸二钠(EDTA～2Na)等。

水产品含有的高不饱和脂肪酸特别容易被氧化,从而使水产品的风味和颜色劣化,并且产生对人体健康有害的物质。抗氧化剂的作用是防止食品氧化变质。丁基羟基茴香醚(BHA)较安全,为国内外广泛使用的抗氧化剂,其每日允许摄入量值为 0～0.5 毫克/千克。二丁基羟基甲苯(BHT)基本无毒,其每日允许摄入量值为 0～0.5 毫克/千克。没食子酸丙酯(PG)摄入人体可随尿排出,比较安全,其每日允许摄入量为 0～0.2 毫克/千克。维生素 E 对人体无毒害。维生素 C 对人体无害,其每日允许摄入量为 0～15 毫克/千克。茶多酚对人体不但无毒,还有保健作用,因此被誉为 21 世纪将对人类健康产生巨大影响的化合物。

由于少数不法分子在水产品贮运和加工中使用了违禁和过量的添加剂,造成了水产品的安全隐患。

一、常用违禁的添加剂

1. 甲醛

甲醛是一种无色有刺激性气味的气体,其 35%～40% 的甲醛溶液称为"福尔马林"。甲醛是一种强效的防腐剂,对人体健康极其有害,可引起慢性呼吸道疾病,导致头痛、头晕、乏力、损害人体肝肾功能,降低免疫功能,导致鼻咽癌、骨髓癌、淋巴癌等恶性疾病。

用甲醛浸泡过的水产品,由于蛋白质变性,因此肉质坚韧而富有弹性,外观色泽晶莹剔透,食之脆如海蜇。如用甲醛浸泡过的太湖银鱼炒熟后,嚼如橡胶,因此被称为"橡皮银鱼"。

下表以冰鲜银鱼为例来鉴别是否用甲醛浸泡过。

	未处理过	处理过
体形	身体柔软,呈自然弯曲状	身体硬直,呈直线状
体色	乳白色	半透明,特别光亮
用手指挤压	挤压后,鱼肉易破碎	轻轻挤压,像橡皮筋有弹性;稍用力,鱼体易发生断裂
气味	无异味	可能闻到淡淡的甲醛气味

常用甲醛浸泡的水产品有虾仁、银鱼、龙头鱼、鱿鱼、海参等。用甲醛浸泡的虾仁重量可增加1倍多,但一旦遇热,体积就会缩回来,食之缺乏海鲜特有的鲜味。

目前,水产品违规使用甲醛的情况较为严重,如2000年,北京对35个农贸市场和33个大中型超市、商场的菜市场进行突击检查,现场抽样的水发虾仁、鱿鱼、海参等926件水发品,有32.2%检出甲醛。近年来上海有关单位把水产品的甲醛含量检测作为常规检测,因此"橡皮银鱼"游入上海的可能性不大。

通常情况下,消费者由于经验不足,要识别水产品是否用甲醛浸泡过还是比较困难的。一般需要通过化学方法或仪器进行检测,学校、企业或饭店等单位可以用品红亚硫酸溶液来测定,如果滴入浸有水产品的水中出现紫蓝色,就可以怀疑可能此水产品使用过甲醛。市民对购得的水产品质量有所怀疑时,可以送专业的检测机构进行检测。样品中甲醛的检出限量为0.5毫克/千克。

2. 工业碱

工业碱又称火碱、强碱、氢氧化纳,是一种强烈的防腐剂,并且含有汞、砷等多种有毒的物质,一些不法分子在处理冻虾仁、水发鱿鱼、海参时使用工业碱,不但可以使水产品保鲜延长3～5倍,而且可使水发品增加重量(2倍多)和改变表观质量。用工业碱处理的水发品外观有嫩、胖、白的特点,但工业碱不仅严重破坏了营养成分和鲜度,并且对人体健康有害,对消化系统会产生很大的腐蚀作用。

下表以虾仁为例来鉴别是否使用工业碱浸泡过:

	未处理过	处理过
色泽	浅灰、乳白色	白胖、呈半透明,故称"水晶虾"
弹性	体软、少弹性	手触富有弹性
气味	有腥味	有一股淡淡的碱味
烹饪时	正常	会冒出大量皂样气泡并且渗出大量水分
口味	正常	有碱涩味

3. 工业双氧水

工业双氧水化学名为过氧化氢,漂白剂有氧化漂白剂和还原漂白剂两类,双氧水属于氧化漂白剂。目前,在食品加工中,只有合理使用食用级双氧水是合法的。但由于双氧水对人体有害,国家有严格规定,保证终端产品不允许含有双氧水成分。但有一些不法分子使用过量甚至是有毒的工业双氧水,由于工业双氧水含有较多的铅、砷等有毒物质,人食用后会引起肝、肾疾病,还存在致癌的潜在危害,因此被禁止使用。

违规使用双氧水可使食品的营养成分遭到氧化破坏,用双氧水浸泡的鱼翅,可以变得又粗又白。本来偏黄色的海蜇的外表过于雪白透亮,可能是用双氧水来掩盖其腐败变质的外观。

少数小贩还把发霉的水产干品用双氧水漂白后出售。

4. 吊白块

吊白块又称雕白粉,化学名为甲醛合次硫酸氢钠,是工业生产中漂白剂和还原剂。一些不法分子为了提高食品的白度、增色、改善食品口感以及防腐，往往在虾仁、鱼翅中加入吊白块。吊白块在60℃以上开始分解出甲醛、二氧化硫和硫化氢等有害物质，可损坏人体的皮肤黏膜、肾脏、肝脏及中枢神经。严重时会导致癌症和畸形病变。

5. 一氧化碳

新鲜的金枪鱼生鱼片的肉色呈鲜艳的红色。如果肉色从红色变成褐色，表明其新鲜度发生了变化。由于一氧化碳（CO）与金枪鱼肌肉中的肌红蛋白结合后，可使肉色呈现出鲜艳的粉红色，实际上一氧化碳保色不保鲜，一些商家就将一氧化碳充入装有金枪鱼的塑料袋中，放入普通冰库保存（正常的应在－60℃的超低温冰库中保存），食用时再解冻并直接切片。如果经常食用"CO金枪鱼"，会对食用者的肾造成危害，严重者会引起食物中毒（日本、美国都曾经出现食用"CO金枪鱼"的中毒案例）。因此，有关部门已制定相应的标准，禁止进口和销售"CO金枪鱼"。

识别方法主要有两种。

一看：金枪鱼的肉色呈粉红色，或暗红色，色调虽然千差万别，但其光泽很自然，"CO金枪鱼"的肉色呈彩色，颜色均匀而无光泽，且无浓淡之分，各个体的颜色也没有差别。

二尝："CO金枪鱼"鱼片入口后无金枪鱼特有的鲜香美味，且肌肉无弹性。

此外，为了防止冷冻的罗非鱼鱼片在冷冻过程中皮下红色鱼肉发生褐变，在冷冻前经常违规使用一氧化碳进行处理，使红色鱼肉呈稳定的鲜桃红色后再包装冷冻。

6. 染料

（1）虾米、虾皮，可能添加一种叫亮苤花精（又称酸性大红）的粉红色染料。这种染料主要用于木材、羊毛、蚕丝织物、皮革的染色，还可制造红墨水，有强烈致癌性。

没有加过色素的虾米淡红色或淡橘黄色，加过色素的虾米鲜红艳丽。没加过色素的优质虾皮，外皮微红，肉质是黄白色的，而不新鲜的虾皮加过色素后，皮、肉都是鲜红艳丽，保存3个月都不会褪色。如果用水浸泡几粒虾皮、虾米,水会变红色。

(2) 海肠添加红色染料。鲜活海肠是鲜红褐色的,有的品种还呈深紫色,捏起来很有弹性;而不新鲜的海肠颜色发乌,捏起来软塌塌的,不新鲜的海肠染色后,颜色很艳丽,但肉质还是软塌塌的。

(3) 海带用孔雀石绿处理。一些不法分子为了使海带颜色变得好看,可能使用孔雀石绿来染色。

(4) 黄鱼可能用柠檬黄、碱性黄或酸性橙Ⅱ染色。

二、过量使用的添加剂

1. 焦亚硫酸钠

海捕虾中所用保鲜剂大多为焦亚硫酸钠,因其价格便宜,每千克海虾的保鲜剂成本只需几分钱,并且保鲜效果不错。但渔民在用焦亚硫酸钠保鲜海虾时,大多数采用直接撒粉法。这种方法虽然操作较方便,但保鲜剂要撒均匀很难,所以往往过量使用,导致海虾二氧化硫残留超标现象时有发生。

2. 二氧化硫

二氧化硫是目前较常用的保鲜剂之一,但违规过量使用二氧化硫对鱿鱼丝进行漂白,过量的二氧化硫残留在鱿鱼丝中,消费者食后会对身体造成危害,可引起恶心、呕吐。此外,还会影响钙的吸收,促使人体内钙的流失。

3. 亚硝酸钠

亚硝酸钠是目前较常用的保鲜剂,还能产生一氧化氮与肉类中呈色物质形成亚硝基血红素,在冷冻仁、鱼糜和在鱼类加工食品如罐头、鱼肉肠、烤鱼片、鱿鱼丝中加入亚硝酸钠后可以抑制细菌,尤其是可以有效抑制在高水分真空包装食品中生存能力顽强,而一般高压锅长时间蒸煮不能灭活的肉毒杆菌的生长。亚硝酸钠除了延长存放时间,还可使肉类的颜色更加鲜美。但过量添加,在酶的作用下,可与食物中蛋白质分解产物结合,形成有强烈致癌作用的物质。短期内,消费者摄入高剂量添加亚硝酸钠的食物,会使血液中的血红蛋白失去携氧能力,出现无力、头晕、呕吐、呼吸困难等症状,严重者出现昏迷甚至死亡。

2013年上海全年发生的6起食物中毒,有1起的致病因素为亚硝酸钠。

世界食品卫生科学委员会规定每日允许摄入量为0~0.1毫克/千克体重。我国规定肉食中最大使用量为0.15毫克/千克;肉食中亚硝酸钠残留量在罐头中不得超过0.05克/千克,肉制品不得超过0.03克/千克。

4. 磷酸盐保水剂

冷冻水产品在解冻过程中,至少要损失7%的水分,水分的损失可使水产品的鲜度明显下降,添加焦磷酸钠或三聚磷酸钠可以增加肌肉组织持水的能力。但过量使用会影响人体中钙、铁、铜、锌等必需微量元素的吸收和平衡,过多摄入三聚磷酸钠可导致肾结石。使用过磷酸盐类保水剂处理的虾仁,无正常虾仁的柔软弹性,含水量多而有脆性,虾体透明度提高,分量明显加重。

5. 明矾

新鲜海蜇体内水分含量高达95%~98%,明矾是海蜇加工过程中不可缺少的脱水剂,并且可以提高产品特有的口感。用明矾与食盐复合腌制海蜇是我国特有的传统腌制加工方法。海蜇经3次矾盐加工,三矾海蜇制品的出成率为鲜海蜇体的8%~12%。如果明矾过量,制品易发酥,并且明矾中的铝会导致骨质疏松,造成人体神经系统病变,干扰思维、意识和记忆功能,严重者可引起痴呆。世界卫生组织确定铝是食品污染物,提出每人每周的允许摄入量为2毫克/千克体重,也就是说60千克体重的人每周摄入不超过120毫克的铝是安全的。我国水产行业标准中《盐渍海蜇皮和海蜇头》规定明矾在海蜇中的质量分数不得大于2.2%。

6. 食用糖

糖与盐一样均是允许使用的有防腐剂作用的添加剂,但糖与盐的防腐机理不同,盐在高温下不会产生化学变化,而糖在高温下会产生一系列反应。糖干海参加工过程中需要在120℃左右的糖油中反复煮3~5遍,会产生可能对健康不利的焦糖和糖化物,还会使海参应有的营养物质严重流失。由于糖分含量过高,微生物附着多于一般干海参,保存期短,在高温季节容易吸水并产生霉变。为了延长保鲜期,有的不法经营者可能会使用工业碱、福尔马林等有毒的保鲜剂。糖干海参表面容易发黏,往往还会加胶以保持手感。糖干海参外观色黑、形态圆润、刺饱满,冒充"淡干海参"时,消费者很难从外观上鉴别真伪。据2011年调查资料,糖干海参约占市场的6成。糖干海参中真正的海参成分只有20%左右,添加物超过自身的四五倍。因此价格大大低于淡干海参。500克优质干海参可以发制5千克水发海参,而500克糖海参水发不会超过5千克。2009年,农业部颁布的《干海参(刺参)》行业标准中,明确确定不允许使用除食盐之外的其他食品添加剂。糖干海参属于伪劣产品。

第五章

餐饮业和消费者自身存在的安全隐患

餐馆和消费者是把好食品安全最重要的环节之一。引起食源性食物中毒的水产品有主要3个源头：① 天然有毒有害水产品（如河豚、油鱼、织纹螺）；② 生物污染水产品（毛蚶、小龙虾）；③ 化学污染的水产品。生物污染的水产品，除了天然捕捞的水产品和养殖的水产品可能携带病毒、细菌和寄生虫外，还包括贮存不当受腐败细菌和霉菌污染引起的腐败变质的水产品。化学污染的水产品，除了天然捕捞的水产品受天然环境污染（如重金属、多氯联苯、二噁英、石油烃、农药）外，还包括养殖的水产品人为使用了违禁或过量的兽药（如孔雀石绿、硝基呋喃、氯霉素）和添加剂（如激素、喹乙醇）以及加工、贮运水产品时使用违禁或过量的添加剂（如甲醛、工业碱、工业双氧水）。

餐馆经营者和消费者对于水产品食物中毒的防范有3条要点：① 对于天然有毒有害水产品，受生物、化学污染的水产品，贮存不当发生腐败变质的水产品和加工贮运使用违禁添加剂的水产品，必须掌握一些有关的常识，以便鉴别和把关；② 对于生物污染的水产品，即携带病毒、细菌、寄生虫的水产品，必须掌握正确的烹饪和食用方法，即煮透烧熟，杜绝生食、腌食、醉食，基本上可以避免发生中毒事故；③ 对于需要贮存的水产品，必须掌握正确的贮存及其处理方法，以避免贮存过程中发生腐败变质。此外，消费者还需警惕餐馆存在的一些食品安全隐患，如使用变质的水产品（如死蟹、死黄鳝）作为原料或使用违禁的佐料（如地沟油）以及存在不洁的卫生环境。对于消费者自身来讲，如果没有掌握正确的水产品贮存和加工方法、良好的饮食习惯，也会产生食品安全隐患。

第一节 餐馆存在的安全隐患

我国的餐饮业有 95% 都是个体经营的,他们对食品安全缺乏"风险意识",并且违法成本不高,因此餐饮业存在着较大的食品安全隐患。据资料,在上海市各个食品生产经营环节中,餐饮业环节的食品监督抽查合格率最低,2010～2012 年连续 3 年低于 90%,2012 年仅为 87.5%,大大低于养殖业 2012 年 99.9% 的合格率。

一、可能使用已死和变质的水产品作为原料

少数小餐馆和熟食加工店可能把已死和轻度变质的鱼、虾、蟹用添加剂增色、增香、经油炸来掩盖其轻度的臭味。据资料,2001 年上海香辣蟹火爆的时候,一天要吃掉 2 吨(1.2 万只)。

香辣蟹,其中死蟹占 5% 左右。有小贩坦言,小餐馆的香辣蟹多半用的是死蟹。当时每 500 克活蟹的批发价是 15 元,而死蟹只有 5 元。死蟹炮制的香辣蟹成本仅 16 元,而上桌价为 58 元,利润空间有 2.5 倍之多;而活蟹制作的香辣蟹只有约 1 倍的利润。某小饭店老板自曝:"死蟹加点酱油,加点佐料,爆炒一下,谁吃得出什么味。"2001 年 9 月 11 日《新闻晨报》《揭出香辣蟹内幕》一文发表后,香辣蟹受到消费者的冷落。不久,十三香小龙虾又爆红了,同样小龙虾储运过程中也有 3%～5% 的死亡率,梅雨季节和大热天死亡率可达 10%。小餐馆对于死亡时间较短、肉质还没有发白、异味还不很大、外壳看上去无大碍的虾去掉虾头再加工。死虾用 10 多种调料在锅里煮熟后,再制成干焗虾或椒盐虾。死虾肉会像活虾肉一样有"嚼劲",并且没有一点异味。有经验的食客上餐馆辨别煮熟河虾死活的秘诀是"吃弯不吃直",因为活河虾加热时活虾的虾体会收缩。餐馆供应的生蚝主要有两种品种,一种是鲜活生蚝,一种是半壳生蚝,餐馆经营者为了不让消费者一看带冰的半壳生蚝就知道是死生蚝,往往出售前先把冰块化除。这些化冰的半壳生蚝,在泡沫箱中暴露于空气数小时,气温高时很容易变质。但这些死生蚝加工时火一烤,多放点蒜蓉,一般就吃不出是死生蚝还是活生

蚝加工的了。不少夜排档烧烤的生蚝常使用死生蚝，就是这种冰冻的半壳生蚝。

二、贮存、加工时可能使用有害的佐料或化学物质

1. "地沟油"

"地沟油"狭义的概念是从餐馆的地下油槽或阴沟中捞出经过去渣、脱色、除臭等粗加工提炼出来的废油。从广义上讲还包括"泔水油"（又称"潲水油"，从餐馆的厨余垃圾中过滤、除臭提炼出来的废油，含油量较高）、"煎炸油"（经多次或长时间煎炸、炒的废弃食用油）、"鸡鸭油"（烤鸭、烤鸡过程中浸出的动物油）、"火锅油"（吃剩火锅废料中过滤、熬制加工的废油）。此外，还有用劣质、过期腐败的动物皮肉、内脏经过简单加工提炼后生产出来的"新型地沟油"。

"地沟油"的有毒物质主要是黄曲霉素和多次加热后产生的苯并芘，两者都有强烈的致癌作用。水产品菜肴中，用火锅底料制成的川菜、湘菜中的水煮鱼、辣子鱼可能会使用"地沟油"。因此，在小餐馆就餐，尽量不吃水煮鱼等含油量大的菜肴。

近年来，中央和地方政府都很重视"地沟油"的整治，决心从源头抓起。2010年3月18日，国家食品药品监督管理局发布《关于严防"地沟油"流入餐馆服务环节的紧急通知》。2011年8月22日，公安部部署开展"打四黑、除四害"专项行动。2011年9月，公安部统一指挥浙江、山东、河南等地公安机关，首次全环节破获了一个特大的生产销售"地沟油"的系列案件，摧毁涉及14个省的犯罪网络，捣毁黑工厂、黑窝点6个，抓获主要犯罪嫌疑人32名。2011年12月12日，全国公安机关组织开展了打击"地沟油"犯罪破案会战。3个多月中，各地侦破利用"地沟油"制售食用油犯罪案件128起，抓获违法犯罪嫌疑人700余名，查实涉案油品6万余吨，打掉集掏捞、粗炼、倒卖、深加工、批发、销售等多环节于一体的犯罪网络60个。2012年初，最高法院、最高检察院、公安部联合下发的《关于依法严惩"地沟油"犯罪活动的通知》，明确对于利用"地沟油"生产食用油的，依照刑法第144条生产有毒、有害食品罪的规定追究刑事责任，强调对"地沟油"严重犯罪者可判死刑。通过中央

和地方政府重拳治理"地沟油",市民们谈之变色的"地沟油"回流餐桌的问题,初步得到有效遏制。在正规的餐馆中市民有望吃上放心的水煮鱼等美味佳肴。

2."洗虾粉"

"洗虾粉"的成分众说不一,有说是草酸(一种工业除锈剂)、柠檬酸或亚硫酸盐,也有说是碳酸钙加碱。不管是哪一种化学成分,这些"洗虾粉"对人体都是有害的。实际上,大多数从湖泊捕获和养殖的小龙虾,由于水质环境较好,养殖水体基本上都达到了Ⅲ类水以上的标准。一般小龙虾的体表干净,并不需要用"洗虾粉"洗澡,只有一部分从臭水沟等水质被污染的水体中捕获的小龙虾,体表较脏需要进行洗刷。而一些小餐馆经营者为了省工省时,使用违禁的"洗虾粉"处理,只要浸泡5分钟,脏兮兮的小龙虾马上面目一新,变成光彩亮丽的小龙虾,而浴盆里的清水一般使用4次后就变成了"墨水",令人恶心。

此外,南京水产品交易市场知情人士和阳澄湖周围蟹舫老板爆料,一些普通的稻田蟹、河沟蟹和一些水质差池塘中养殖的塘蟹,也是用"洗蟹粉"浸泡5~10分钟变成了"青壳大闸蟹"卖高价。这种洗过的蟹只能活2天。如果暂养水体中用增氧泵充氧可以活10天也不会死掉。鉴于上述情况,上海市食药监督局发布紧急通知,从2009年5月19日起,上海市就禁止使用所谓的"洗虾粉"。

第二节 消费者贮存和食用不当存在的隐患

2009年,全国发生100多起中毒死亡事件中,70%为家庭引起的食物中毒,食物中毒居我国中毒致死的首位。

一、贮存的温度和时间不当

即使是新鲜、优质的水产品,如果保存不当也会引起腐败变质。一般水产品保存有两种方法:① 短期冷藏存放。活杀鱼去除内脏、鱼鳞洗净后,最好用开水烫几秒钟,然后装入保鲜袋,置10℃以下(最好5℃

以下)冰箱冷藏室,冷藏室的温度一般在0~10℃,这温度对大多数细菌的繁殖有明显的抑制作用,但对一些嗜冷菌如大肠杆菌、伤寒杆菌、金黄色葡萄球菌等抑制作用较差,这些细菌仍然会生长、繁殖。因此,保存时间不宜过长,一般可保存2~3天。② 长期冷冻存放,在-18℃温度下,多脂鱼类可冻藏4个月,少脂鱼类可冻藏8个月,虾蟹类可冷藏6个月。如果延长存放时间,随着时间的延长也会发生不同程度的变质。如鱼肉发松、发酥、表面泛黄。一般鲜鱼须在-30℃环境才能长期保存,但家用的冰箱的冷藏温度一般不超过-15℃,因此鲜鱼虾不宜长期贮存。

一些生食的鱼如三文鱼、金枪鱼则需要放在-50℃超低温保存(至少-40℃),因此家庭冰箱不宜保存,大多数饭店也没有-40℃以下的超低温冰柜。因此,需要生食的配送三文鱼、金枪鱼,收货后先暂放冷藏室,需在短期内吃完。如生吃北极虾,从冰冻柜取出后,应放在0~4℃低温柜中慢慢解冻,食用前再用清水冲洗一下。吃剩的水产品,最好先加热至70℃以上保持四五分钟,再放在4~8℃冷藏室作短期保存,最好不要超过4天。若吃剩的水产品未经加热处理直接置于冰箱保存,隔天食用前必须加热至70℃以上保持四五分钟再食用。吃剩的水产品最好在5~6小时内吃掉,存放时间越长亚硝酸盐的含量越高。如红烧鲫鱼放置1天后,亚硝酸盐的含量大幅度增加,可超标141%。成年人如果摄入0.2~0.3毫克亚硝酸盐就可引起急性中毒,1~3克可致死。对于集体用餐配送的水产品,如果是热藏的,食品中心温度应保持在60℃以上,保存时间不应超过烧熟后4小时;如果是冷藏的,食品中心温度应保持在10℃以下,其保存期不应超过烧熟后24小时。醋醉水产品应放在5℃以下冰箱保存。真空包装的糟醉水产品可在常温下保存一段时间(注意保质期),但开启后也要放在冰藏室保存。由饮食摄入人体的铅50%来自密封罐头的焊铅,罐头开启后封罐处被食物汁腐蚀,使焊铅溶入食物中。开启25分钟后大部分罐头食品中的含铅量明显增加,如水果食品存放60天,铅含量会增加20倍左右。因此水产品罐头食品开启后最好一次性吃掉,不宜低温保存。

二、水产品未烧熟煮透

据资料,60%的带鱼、45%~49%的海鱼、海虾、蛏子等水产品都携带副溶血弧菌,沿海地区的淡水鱼虾在夏季,50%~70%也携带此菌。鱼虾在运输过程中也会受到污染,而引起嗜盐菌等细菌大量繁殖。因此,夏季吃水产品一定要烧熟煮透。烹调方法中蒸煮最安全,如中等大小的虾,在100℃沸水中,要蒸5~6分钟或煮3分钟,出现虾体变红即可。螃蟹的蟹体100%带有嗜盐菌,蟹鳃和蟹肠分别沾有31.5%和21.2%的嗜盐菌,大螃蟹一定要沸水蒸30分钟或煮20分钟。泥鳅、黄鳝必须沸煮10分钟以上,以确保将寄生虫杀灭。贝类一般用开水泡几分钟,开口即可。美国某大学的研究发现,把鱼肉煮熟炸透,可以减少鱼肉里的化学污染物质。试验证明把鱼肉加热到60℃时,鱼肉里的二噁英化合物可去除25%~45%;当鱼肉烧熟时,这时鱼肉里的温度可达80℃,鱼肉里的二噁英化合物可去除50%~70%。此外,冰鲜水产品烧煮前,先要彻底解冻。最好采用冷藏室解冻法,在食用前一天将冰冻水产品从冷冻室移至冷藏室,也可以采用自来水浸泡解冻或微波炉解冻,但不能用热水解冻。

三、烹调方法不当

首先,应该根据水产品的新鲜度来确定烹饪方法,新鲜的水产品适合于氽汤或清蒸;次新鲜的鱼宜采用干烧、红烧和茄汁烹制;不太新鲜的鱼宜采用糖醋或煎炸,通过佐料来消除异味。咸鱼烹调尽量炖食,不要油炸,因为油炸后的咸鱼中亚硝胺的含量会比炖鱼高2.5倍以上。如果炖吃咸鱼,也不要喝汤,这样可以减少摄入亚硝胺。脂肪、蛋白质和糖类经高温烧烤或油炸会产生苯并芘致癌物质,并且烧烤仅能将蟹虾等表面的细菌和寄生虫虫卵杀死,其中心部分还会存活细菌和虫卵。因此应少食烧烤海鲜。烧焦的鱼肉不能吃,鱼肉烧焦后,会增加亚硝胺的含量。

四、生食、醉食等不良饮食习惯

生食水产品极容易发生细菌性食物中毒。酒醉水产品达不到杀菌和杀寄生虫的目的,白酒连螃蟹、虾体表面和体内的细菌都不能全部杀死,更

谈不上杀死寄生其体内的寄生虫。因此,醉食等于生食。日本人吃生鱼片用芥末,能杀死大肠杆菌、金黄葡萄球菌,国人用醋蘸生鱼片也有较好的杀菌效果。盐渍水产品也有安全隐患,有些细菌如沙门菌能够在含盐高达10%~15%的腌鱼中生存几个月,只有用沸水煮30分钟才能将其杀死。河蟹忌生食,因为河蟹以水中腐尸为食,胃内含有大量细菌,像醉蟹、腌蟹的方法都无法杀死细菌。此外,宰杀后的鱼类和虾蟹中存在一种能够分解维生素B_1的维生素B_1水解酶,生食海产品可导致维生素B_1缺乏(会引起脚气病)。根据《上海市人民政府禁止生产经营食品品种的公告》,从2013年10月1日起永远禁止生产、经营呛虾。因为呛虾以活虾为原料,加入酒、酱等调料几分钟后即供应。这种制作加工时间短,很难彻底杀灭寄生虫和致病菌。公告中规定每年5月1日至10月31日禁止食品生产经营者生产经营醉虾、醉蟹、咸蟹、醉泥螺,只能销售有预包装的,来自有许可证生产商的成品醉虾、醉蟹、醉蟛蜞和咸蟹,但同时必须提供完整票据。禁止食品摊贩经营生鱼片等生食水产品。

五、消费者贪食

海鲜不宜多食,如牡蛎等贝类按照膳食指南规定,除去壳重的贝类每天食用50~100克,连壳的贝类每天最多不超过250克。咸鱼不宜多食,咸鱼在腌制过程中,亚硝酸盐和胺结合会产生新的有害物质——亚硝胺。

鱼类、贝类并非吃得越多越好。研究发现鱼类、贝类的脂肪酸中含有二十碳五烯酸,它能抑制血小板的凝聚作用,长期过量食用含脂量高的水产品,可使血小板凝聚性降低而引起各种自发性出血,如脑溢血等。

此外,家庭用砧板生熟菜不分,容易引起细菌交叉污染。

第三节　部分劣质、变质水产品的识别方法

一、冰鲜鱼和冰冻鱼的质量识别

1. 冰鲜鱼

冰鲜鱼是指捕捞上来后,不经过零度以下低温冻结处理,而是加碎

冰覆盖,短期保存的水产品,俗称"热气鱼"。主要用以下方法识别:

(1) 眼球鉴别:① 优质冰鲜鱼:眼球饱满突出,角膜透明清亮,有弹性;② 次优质冰鲜鱼:眼球不突出,眼角膜起皱,稍变混浊,有时眼内溢血发红;③ 劣质冰鲜鱼:眼球塌陷或干瘪,角膜皱缩或有破裂。

(2) 鱼鳃鉴别:① 优质冰鲜鱼:鳃丝清晰且鲜红色,黏液透明,具有海水鱼的咸腥味或淡水鱼的土腥味,无异臭味;② 次优质冰鲜鱼:鳃色变暗呈灰红或灰紫色,黏液轻度腥臭,气味不佳;③ 劣质冰鲜鱼:鳃呈褐色或灰白色,有污秽的黏液,并有难闻的腐臭气味。

(3) 体表鉴别:① 优质冰鲜鱼:有透明的黏液,鳞片一般有光泽且与鱼体贴附紧密,不易脱落;② 次优质冰鲜鱼:黏液多不透明,鳞片光泽度差且较易脱落,黏液黏腻而混浊;③ 劣质冰鲜鱼:体表暗淡无光,表面附有污秽黏液,鳞片与鱼皮脱离,具有腐臭味。

(4) 肌肉鉴别:① 优质冰鲜鱼:肌肉坚实有弹性,指压后凹陷立即消失,无异味,肌肉切面有光泽;② 次优质冰鲜鱼:肌肉稍呈松散,指压后凹陷消失得较慢,稍有腥臭味,肌肉切面有光泽;③ 劣质冰鲜鱼:肌肉松散,易与鱼骨分离,指压时形成的凹陷不能恢复或手指可将鱼肉刺穿。

(5) 腹部外观:① 优质冰鲜鱼:腹部正常、不膨胀,肛门白色,凹陷;② 次优质冰鲜鱼:腹部膨胀不明显,肛门稍突出;③ 劣质冰鲜鱼:腹部膨胀、变软或破裂,表面发暗灰色或有淡绿色斑点,肛门突出或破裂。

2. 冰冻鱼

鲜鱼经 $-18℃$ 低温冻结后,鱼体发硬,其质量优劣不如冰鲜鱼那么容易鉴别,但可以从以下几个方面进行比较:

(1) 体表鉴别:① 优质冰冻鱼:色泽光亮与鲜鱼一般鲜艳,体表清洁,肛门紧缩;② 劣质冰冻鱼:体表暗无光泽,肛门凸出。

(2) 鱼眼鉴别:① 优质冰冻鱼:眼球饱满凸出,角膜透明,洁净无污物;② 劣质冰冻鱼:眼球平坦或稍陷,角膜混浊发白。

(3) 肌肉鉴别:① 优质冰冻鱼:体型完整无缺,用刀切开检查,肉质结实不离刺,胆囊完整不破裂;② 劣质冰冻鱼:体型不完整,用刀切开后,肉质松散,有离刺现象,胆囊破裂。

此外,不同品种的鱼还有各自表示新鲜度的特征,如新鲜度好的黄鱼,其鳞片应具有天然的黄色光泽。但一些不法商贩为了将不新鲜的黄鱼冒充新鲜的黄鱼,常用黄粉涂在黄鱼的体表,如用手一抹手上会留下黄色。还有,冷冻水产品的质量是受保存期长短影响的。按国家标准在－18℃以下环境中冷藏的保存期,冰冻带鱼为9个月,鳕鱼和黄鱼为12个月。然而市场上散卖的无包装袋的冰冻水产品,无法了解其是否已过保存期。

二、常见水产品的质量识别

1. 带鱼的质量识别

(1) 体表:质量好的带鱼,体表银白,富有光泽,全身鱼鳞完整且不易擦落,鳍全,无破肚和断头现象。质量差的带鱼,体表暗淡,光泽差,全身鳞少呈香灰色且容易擦落,有破肚或断头现象。

此外,有的带鱼在银白光泽上附着一层黄色物质,这是带鱼表面脂肪氧化的结果,是带鱼开始变质的标志。

(2) 鱼眼:质量好的带鱼,眼球饱满、角膜透明。质量差的带鱼,眼球稍陷凹,角膜稍混浊。

(3) 鳃:质量好的带鱼,鳃呈鲜红或紫红,黏液透明。质量差的带鱼,鳃呈苍白,黏液混浊。

(4) 肌肉:质量好的带鱼,肌肉坚实,富有弹性。质量差的带鱼,肌肉松软,弹性差,甚至发烂。

至于不少消费者称现在的带鱼味道不鲜,这不是带鱼的质量问题,而是带鱼的品种问题。目前,我国市场上有70%是进口的带鱼,多为从印度、西非和海湾国家进口的。这种带鱼个体宽大、肉质疏松、香味不足、鲜味差。实际上要买到质量好的带鱼并不容易。带鱼一出水就死,冰鲜带鱼大多数出水已经超过10小时。10小时内的优质冰鲜带鱼,体表光滑锃亮,用手按压,弹性大,鱼鳞不粘手。超过10小时后,用手按压,鱼体开始软塌,鱼鳞已开始粘手。若时间更长,则鱼鳞自行脱落。带鱼被装有大型冷冻设备的加工船收购后,放入－25℃的冰库中冷冻24小时,待结上2毫米冰层后,每隔4小时加冻一层冰。出库时,冰层约有6毫米厚,最里层冰块春秋季常温下可以保持24小时不化。鉴别带鱼的冷藏时间,可以看冰层多少。将带鱼放在室温下,让其自然解冻,约2小时敲掉一层冰,一般4层冰的带鱼是合格产品。但少数不法商贩会再次在带鱼冰层上加水冷冻,使带鱼上的冰超过总体重量的35%～40%,这就属于不合格产品。市场上买到的带鱼大多数是已经冷藏20天以上的产品,一旦解冻就要马上吃掉。如果反复冷冻,每解冻一次带鱼肉中的水分就会丧失一次,这样就会影响质量和口味。

2. 死黄鳝加工的鳝丝识别

(1) 看血色:活黄鳝加工的鳝丝,血水颜色为酱紫色,而死黄鳝加工的鳝丝,血水为鲜红色。

(2) 看血块:血块成长条凝结状,则为活黄鳝加工的,血块散开不凝结的则为死黄鳝加工的。

(3) 看肉质:活黄鳝加工的鳝丝肉质细腻有弹性,而死黄鳝的肉质粗糙,弹性差。

(4) 看外表:活黄鳝表皮黑中透亮、光洁;死黄鳝表皮色淡,稍带灰色。

3. 鲜虾质量的识别

(1) 外形:新鲜虾的虾头与身体紧密相连,不易剥离,虾身较坚挺,稍有弯曲。不新鲜虾的虾头与身体连壳带肉易分离或脱落。

(2) 色泽:新鲜虾的虾壳发亮,海虾呈青色、灰白色(南美白对虾)或微红色,河虾呈青灰色,触之有糙手感。不新鲜虾的虾壳较暗,色泽变红,虾头与身体连接处易出现黑斑。

(3) 肉质:新鲜虾的肉质坚实富有弹性,海虾沿背上部的肠管(黑线)用针一挑可以挑出整条肠子。不新鲜虾的虾肉松软,弹性差,位于头部的内脏泛红色,肠管腐烂,用针挑不出来。

(4) 气味:新鲜虾的气味正常,无异味,不新鲜虾有一股较浓的阿摩尼亚(氨)气味。

4. 虾蛄质量的识别

鲜活虾蛄的壳色碧绿且有光泽,手按之则坚实有弹性。将死或已死虾蛄的壳色灰黄,无光泽。虾蛄难以活养,离水后不久即死,刚死不久的死虾蛄,应选择虾体结实,无异味的。

5. 死牡蛎的识别

选择外观体大而肥满,壳带黄色有光泽的牡蛎,用手提一提再摇动一下,感觉沉甸甸,摇动没有活动感的或用手碰一下肉足或外壳,肉足会缩回或壳紧闭的是活的。如果感觉较轻或里面有活动感的,可能是空的或死的。

6. 死蛏子、死文蛤的识别

活的蛏子吸水管都伸出壳外,触动后会蠕动或两壳稍合;剥开外壳,可以发现白色的韧带紧连着两壳,同时有清晰的液体外流。已死的蛏子两壳韧带脱离,蛏体因失去水分而收缩,吸水管变得干瘪而柔软。

活的文蛤贝壳紧闭、不易揭开,口开时触之即合拢;斧足和水管能伸缩,剥开后体液清晰,两边呈浅红黄色,气味正常;两壳相互敲击时,可听到"笃笃"的实声。如果蛤壳松弛易揭,口开时触动壳仍不闭合,斧足和水管不能伸缩,剥开贝壳发现液体混浊,两边呈灰白色,相互敲击时发出"壳壳"的虚声,则说明已死去。

7. 虾仁和虾米的质量识别

(1) 虾仁。在市场上销售的虾仁必须以冻结状态来保证其新鲜程度。选购时,首先应该注意冻虾仁的外包冰衣表面要完整清洁,无融化现象。优质的虾仁肉质应清洁完整,呈淡青色或乳白色,且无异味;劣质虾仁则肉质不整洁,组织松软,色泽变红并有酸臭气味。另外,还需注意是否用工业碱处理过。

(2) 虾米。优质虾米应呈淡淡的肉红色或橘黄色,干爽、不粘手、气味清香。若呈老黄色,说明加工时虾本身已不新鲜。如果颜色鲜红艳丽,表示是粉红色染料处理过的。有少数不法商贩在虾米发潮后,用氨加以处理,因此闻之有刺鼻的氨味。

8. 冰鲜鱿鱼和鱿鱼干的质量识别

购买冰鲜鱿鱼时,按压一下鱿鱼体表的膜,新鲜鱿鱼的膜紧实,有弹性;还可扯一下鱿鱼头,新鲜鱿鱼的头与身体连接紧密,不易扯断。此外,还需注意鱿鱼须煮熟煮透后再食,因为其体内有一种多肽成分,如果未煮熟煮透就食用,会导致肠胃失调。

挑选鱿鱼干时,一摸软硬度,优质的鱿鱼干柔软、不生硬;劣质的鱿鱼干用手摸起来很干很硬,一般都是放置很久,吃起来鲜味差。二嗅气味,优质鱿鱼干具有鱿鱼特有的香味,无异味或霉味。劣质的鱿鱼干有异味或霉味。三看色泽,优质鱿鱼干微透红色,表面略有细微白粉,且干爽,无霉点;嫩鱿鱼干色泽淡黄,透明;老鱿鱼干色泽紫红。如果颜色是纯白色的鱿鱼干,可能是用漂白剂漂白过的,或者虽然不是白色,但颜色看起来并不自然,可能使用过防腐剂处理过的。

9. 海带的质量识别

海带含有一种特有的甘露醇成分,呈白色粉状附在海带的表面。因此,白色粉末附着的多少是鉴定海带质量高低的首要标准。海带的颜色以紫中微黄,近似透明为优。海带经加工打结后,以无杂食、整洁干净、无霉变的为合格品。

10. 干鲍的质量识别

(1) 看体表。应选择裙边弯曲的鲍鱼,弯曲的鲍鱼晾晒透彻,质量好;而干的鲍鱼没有完全晒透,不仅质量较差,并且水分多,实际重量不足。

(2) 看白粉。干透后的鲍鱼表面有一些白色粉末,这是海盐的粉末,属于正常现象。白色粉末细而均匀说明晾晒充分。如果粉末有粗有细不均匀,说明晾晒时相互叠压,晾晒未匀未透。

(3) 闻气味。品质好的干鲍有一股淡淡的海腥味,品质差的则会有杂味,甚至腥臭味。最好煮熟一两个鲍鱼,用牙签插入鲍鱼中部,无硬心即为熟透。闻一下,优质的鲍鱼煮熟后就完全没有腥味,而劣质的鲍鱼有腥味。用这种方法判断鲍鱼质量优劣较为准确。

(4) 摁中间肉质。用手指用力摁中间肉质,如果十分坚硬,说明干制过程已处理好,如果压下去略有弹性,说明干制未处理好。

(5) 捏裙边。用拇指用力捏一下裙边,如果能迅速弹回,说明鲍鱼质量好,干制时间长。如果裙边上的肉被压出一条痕迹,说明肉质较差,根据痕迹的深浅,可以判断肉质不同的品质。

11. 海蜇的质量识别

海蜇的上半部即伞部,俗称海蜇皮;下半部是口腕部,俗称海蜇头。优质的海蜇皮呈白色或淡黄色,有光泽,无红衣、红斑和泥沙,肉质韧性,松脆适口。正常的海蜇头呈红黄色,有光泽,肉杆完整而坚实,无异味。变质的海蜇皮表面呈灰黑色,肉质发酥,用手取时容易破裂。变质的海蜇头呈黑紫色,有脓样液体和腥臭味。

海蜇皮和海蜇头应放在通风处,否则极易变质腐烂。食用前先用冷水浸洗数小时,把表面的盐矾冲洗干净。

12. 泥螺的质量识别

捕获后的泥螺一般加工成醉泥螺或咸泥螺。优质的泥螺贝壳清晰,色泽光亮,呈青褐色;腹足(头盘或称舌)呈乳灰色,结实且脆;螺体沉入卤水中,卤液是深黄或淡黄色,洁净无泡沫。变质泥螺的贝壳颜色暗淡,与螺体稍有脱离,并露出壳的白壁(俗称白点或亮点),腹足柔软发轫,因受热而引起发酵,故泥螺常浮于卤面,一旦发生卤液混浊有泡沫,就不能食用。

泥螺应贮藏于阴凉、低温、通风处,要防止脱卤、受热,存放时间不宜过长。密封瓶装的泥螺,应在保质期内吃掉,一旦开启,吃剩的泥螺应置冰箱内贮存。

13. 用洗虾粉洗刷过小龙虾的识别

(1) 看外壳。用洗虾粉洗澡的小龙虾,外壳干净、无污物,颜色明亮。由于一部分小龙虾生活的环境决定了其外壳多少带有一些泥状污物。正常情况下,小龙虾体色红中带黑,不可能色泽鲜红。

(2) 看活力。用洗虾粉洗澡的小龙虾,活力明显减弱,外壳松弛。虾脚(螯足)容易脱落。如果餐桌上一盘小龙虾的虾脚、虾钳普遍比较少的话,可能是使用过洗虾粉洗澡的。

(3) 闻气味。用洗虾粉洗过澡的小龙虾,往往有一股刺鼻的酸味。

第六章

少数人群慎食的水产品

第一节 患者慎食的水产品

一、过敏体质者

过敏体质者因体内缺少一种可以分解组胺的酶,当组氨酸这类异体蛋白进入人体后,可作为一种"过敏源"刺激人体产生抗体,释放出过敏物质,从而引起过敏反应。过敏实际上是一种常见的因免疫功能异常所反映的症状,约有35%的人至少对两种以上的过敏源过敏,有的人一生都与过敏疾病为伴。过敏体质与遗传有很大的关系,通过家族病史调查,发现有父母遗传或隔代遗传现象。如父母双方中有一方是过敏体质的,其子女约有30%属于过敏体质,若父母双方均为过敏体质,则子女90%属于过敏体质。在20世纪90年代前,食物过敏从未被认为是食品安全的主要问题。最近10~15年才被重视,我国过敏性疾病发病率较高,约有3%的过敏反应是由食物诱发。研究发现有90%以上的食物过敏是由海鲜(尤其是贝类)、牛奶、香菇、鸡蛋、花生、大麦和黄豆等引起。因此,过敏体质者应戒食海虾、海贝、海鱼、海带等富含组氨酸的水产品。还有一种较特殊的过敏现象,有些人吃了泥螺后一晒太阳就会出现过敏皮炎。

二、痛风、高尿酸血症患者

痛风是人体内的一种叫嘌呤的物质发生了代谢紊乱所致的疾病。嘌呤在肝脏中代谢(氧化)后最终形成尿酸,约有3/4尿酸由血液运送到肾脏,随尿液排出体外。当尿酸含量超过人体自然代谢能力时,就会使尿酸结晶(钠盐)形成,沉积在人体的关节处,临床表现为高尿酸血症、急性关节炎反复发作等。男女发病率比为20∶1,首次发病年龄一般在40～50岁。人体中生成尿酸的嘌呤有20%～30%来自食物。膳食中嘌呤含量越多,代谢产生的尿酸就越多。每100克中含有150～1 000毫克高嘌呤水产品有鲢鱼、带鱼、鲨鱼、黑鱼、海鳗、沙丁鱼、凤尾鱼、草虾、牡蛎、蛤蜊、干贝、小鱼干等;含有25～150毫克中嘌呤水产品有草鱼、鲤鱼、鳝鱼、乌贼、螃蟹、鳗鱼、鱼翅、虾、鲍鱼、鳜鱼、金枪鱼等;含有25毫克以下的低嘌呤水产品有海参、海蜇皮等。痛风病人每日嘌呤的摄入量应低于100～150毫克,而正常的人可摄入600～1 000毫克。因此,痛风、高尿酸血症病人应少食高嘌呤水产品。如果需要少量食用,因嘌呤容易溶于水,所以不要喝汤。痛风病人如果吃海鲜同时再吃富含维生素B_1的啤酒或全麦面条,维生素B_1会加速嘌呤氧化,在瞬间可产生大量尿酸,会加速痛风发作。高尿酸血症大多数不需要药物治疗,而是要改变饮食,养成低嘌呤饮食的习惯。每天保证2 000～3 000毫升饮水量,有利于血中尿酸的排出。

三、高血脂患者

胆固醇不溶于水,需要一类特殊的蛋白质(低密度脂蛋白和高密度脂蛋白)在血液中与它结合,形成溶于水的复合物才能在血液里进行输送。其中低密度脂蛋白过量时,它所携带的胆固醇就会积存在动脉壁上,引起动脉粥样硬化,诱发心肌梗死和脑中风。目前,上海地区40岁以上人群中,有25%人的血脂中低密度蛋白脂胆固醇(被俗称为"坏胆固醇")超标。世界卫生组织专家建议,每日胆固醇的摄入量不超过300毫克为宜。蟹黄、鱼籽、贝类等水产品的胆固醇含量比一般肉类高,如螃蟹的蟹肉每100克含有65毫克,蟹黄每100克含有466毫克,吃一只中等大小的螃蟹,一天胆固醇摄入量就已超标。因此,高血脂患者慎食。

四、高血压患者

食盐的化学成分是氯化钠,摄入过多的钠元素无法彻底排出时还会在血液中积累。由于钠具有吸水性,体内的血量因此开始增加,血量的增加会加大动脉的压力,因此导致血压升高。原本血压正常的人摄入过多食盐,可在短短30分钟后,血管扩张能力就会受到影响,进而心脏就会受伤。美国科学院食品与营养委员会估计,成人钠的安全和适宜摄入量为1.1～3.5克。世界各国公认低盐是预防高血压、糖尿病等疾病重大措施之一,每天的限盐量,世界卫生组织推荐的是5克,但我国人均摄盐量在12～18克,是健康标准摄入量的2倍以上。美国医学研究指明降低10%食盐的摄入量,可减少10%高血压发病率。一些水产品及其加工品中含盐量较高,每100克中虾皮为1 280毫克、虾为186毫克、海蟹为260毫克、带鱼为112毫克。因此,高血压病人应少食咸鱼、虾皮等水产品。

健康人也应少吃咸鱼等腌制品,因为咸鱼腌制所用的盐大多是粗粒盐,粗粒盐中含有不少硝酸盐,硝酸盐在细菌作用下转换成"亚硝酸盐",而鱼肉中含有许多胺类物质,在腌制过程中,"亚硝酸盐"与胺类相结合产生一种致癌的"亚硝胺"。如鼻咽癌是一种发病率很低的癌症,在欧美国家的发病率在1/10万,但在我国华南地区男性鼻咽癌的发病率在7/10万～20/10万,女性也有5/10万～10/10万。在广东某地区甚至高达50/10万。

五、甲亢患者

高碘地区人群应少食海带、紫菜。在所有甲状腺疾病中,甲状腺功能亢进(简称"甲亢")、甲状腺结节和甲状腺功能减退症(简称"甲减")排名前3位。碘是合成甲状腺激素不可缺少的微量元素。我国有80%以上的人群生活在缺碘的环境中,饮食中碘缺乏会导致一系列甲状腺疾病,如甲状腺肿大(俗称"大脖子病"),严重缺碘可造成孕妇早产、流产,甚至死亡,婴儿先天畸形,新生儿死亡率增高等危害,尤其是缺碘会影响胎儿、婴幼儿的中枢神经和智力发育。但碘过量也可能导致"甲亢"、甲状腺结节等疾病,还会影响淋巴排毒,中国一度是世界上缺碘最为严重的国家之一。自1996年实施全民食盐加碘计划以来,碘缺乏病得到了控制,但一部分沿海高碘地区(至少有3 000万人口),由于碘盐的"一刀切"政策,使一些不缺碘地区的人群摄入了过量的碘,导致了一些甲状腺疾病的发生。如可使甲亢患者的危险性升高,也会使隐形的甲状腺自身免疫性疾病(如桥本氏甲状腺炎)转变为显性疾病。根据2010年中国甲状腺疾病流行病调查,我国十大城市甲状腺的发病率比以前大幅提高,已达1‰左右,甲状腺结节患病率达18.6%,"甲减"较2006年翻了近一倍,从3.8%猛增至6.5%,"甲减"在女性中更多见,10个人就有1个患者。在内分泌领域中,"甲减"是仅次于糖尿病的第二疾病。2012年3月15起执行的《食用盐碘含量》国家标准摒弃了"一刀切",提供了3种标准允许各省市自行确定食盐中碘含量的水平。上海的食盐加碘标准从以前每千克含碘20～50毫克,下降至每千克含碘20～39毫克。

目前,虽然还没有相关的证据表明食用加碘盐与甲状腺疾病有着直接的关系;并且正常人对碘的耐忍性比较高,美国曾经给囚犯喝碘含量1 000～2 000微克/升的水长达5年,并没有发现不良后果。世界卫生组织认为每日碘的摄入量在1 000微克以内时是安全的,只有达到1 700～1 800微克时,才会促使甲状腺激素浓度升高。但对于"甲亢"、甲状腺结节、甲状腺癌的患者和高碘地区人群多食碘是有害的。

海产品和含碘食盐是人体重要的碘来源。调查发现,发病前有33.97%的"甲亢"患者经常食用海产品,86.8%的甲亢患者家庭食用碘盐。水产品中碘的含量是肉类的2～10倍,尤其是紫菜、海带含碘丰富,干海带含碘量高达240微克/克(每日需要量成人150微克、孕妇175微克、哺乳期妇女200微克)是同等量的加碘盐的十几倍,每月吃一两次即可满足碘的需要;紫菜每2克的含碘量已远远超过一个成年人每日的碘需要量。因此,海带、紫菜不宜过量摄入。

六、脂肪肝患者

螃蟹含脂量高,轻中度的脂肪肝患者如果转氨酶正常,可偶尔吃一次,一次至多吃一只;而重度脂肪肝且转氨酶较高,肝功能受损者则不宜吃螃蟹。

七、肝炎患者

肝炎患者由于胃黏膜水肿,小肠绒毛变粗变短,胆汁分泌失常等原因,其消化吸收机能大大减弱。因此忌食甲鱼,因甲鱼含有极丰富的蛋白质,肝炎患者食后难以吸收,会造成腹胀、恶心、呕吐、消化不良等现象。严重时,因肝细胞大量坏死,血清胆红素剧增,体内有毒的血氨难以排出,会使病情迅速恶化、诱发肝昏迷。

八、癌症患者

癌症患者手术后身体虚弱,放疗或化疗过程中有阴虚表现时,可适当吃甲鱼来辅助治疗,但患者脾胃功能差,出现恶心、呕吐、腹胀、腹泻、食欲极差症状时,则不宜吃甲鱼。

九、感冒患者

中医学认为感冒有风热感冒、风寒感冒、暑热感冒、阴虚感冒和气虚感冒之分。在服药期间,风热感冒(包括流行性感冒)患者应忌食猛热性食物,水产品中如带鱼、鲫鱼、虾等;风寒感冒,应忌食寒性食物,水产品中如青鱼、螃蟹、海带等。

十、凝血功能障碍者

海鲜中含有较多不饱和脂肪酸——二十碳五烯酸,其代谢产物为前列腺环素,具有抑制血小板凝血和止血的作用。所以,血小板减少性紫癜、过敏性紫癜、维生素K缺乏症及血友病患者,应少吃脂肪含量高的海鱼,更不宜服用鱼肝油。肝硬化者的体内难以产生凝血因子,加之血小板偏低,容易引起出血,也不宜食用沙丁鱼、鲭鱼、金枪鱼等含脂量高的海鱼。

十一、不孕症者

男性过量食用海鲜会削弱生育能力,海鱼中如鲨鱼、金枪鱼体内汞的含量较高,汞进入人体可直接与血液中红细胞结合,妨碍生殖细胞的功能。

此外，癫痫病患者不宜多食海带，因为海带属于碱性食物，吃多了可促使癫痫发作。红眼病（急性结膜炎）患者禁食泥鳅、黄鳝等。脾胃虚弱者应少食寒性的河蟹、牡蛎、海蜇、蚌肉、田螺、海带等。

第二节　小儿、孕妇慎食的水产品

一、鲨鱼等大型肉食鱼类

在"大鱼吃小鱼"的长期过程中，鲨鱼会摄取其他鱼肉内的汞，并大量积聚在自身肌肉中，主要成分是甲基汞。如鱼翅中汞污染的程度可高达70%，含有可被人体吸收的汞比率已超出允许含量的42倍。2012年，南京市疾病预防控制中心检测发现鱼龄越大，鱼脑和鱼皮中蓄积的汞就越多，这种神经毒素可影响大脑、骨髓及肾脏，对胎儿威胁最大。因此，英美等国家的食品监管机构，建议幼儿和育龄妇女不食用鲨鱼制品。实际上，目前市场上的鱼翅大多数是"人造"的，是由明胶、鱼粉和添加剂混合制成的。合成鱼翅也要像真鱼翅一样，需要泡发0.5小时，普通消费者难以鉴别真伪，但假鱼翅的价格与真鱼翅相差十余倍。

二、鱼肝油

鱼肝油含有维生素A和维生素D，适量服用维生素A对防治皮肤干燥、眼干、夜盲症有一定的作用，但过量或长期摄入维生素A对婴幼儿有害。如果一次用量超过30万国际单位可引起小儿嗜睡、烦躁、发热、呕吐等急性中毒症状；如果连续摄入10万国际单位超过6个月，可引起小儿食欲不振、皮肤干燥、脱发、瘙痒、四肢疼痛、肝脾肿大等慢性中毒症状。

适量服用维生素D可防治婴儿佝偻病，但服用过量维生素D所造成的后果比患佝偻病还要危险。如果小儿每日摄入2万国际单位，连用数周或数月之后，会出现头痛、厌食、恶心、呕吐、口渴、嗜睡、多尿、高热、昏迷、尿内出现蛋白的红细胞。如不及时停药,会因高钙血压及肾功能衰竭而致死。据调查,维生素A、维生素D中毒,以6个月到3岁的婴幼儿发病率最高,这是由于家长给小儿服用了过量的鱼肝油所造成的。在国外,鱼肝油并不作为滋补品,而是作为一种维生素缺乏症的治疗药物。在国内,由于偏见和误解,滥用鱼肝油现象较为普遍。对于儿童的生长发育来讲,每日需要摄入维生素A大约1 000～3 500国际单位,维生素D大约400国际单位,而成人在正常情况下,不需要服用这类产品。国外学者发现,某些使用维生素A、维生素D治疗皮肤病的妊娠妇女,生下的畸形胎儿多,其原因是身体中某种酶的缺乏造成维生素A、维生素D在体内蓄积,胎龄越小,与维生素A、维生素D的亲和力越强,造成畸形的可能性就越大。

三、紫菜、海带

孕妇和乳母不要多吃,这是因为紫菜、海带中的碘可随血液循环进入胎儿和婴儿体内,引起甲状腺功能障碍。海带有催生作用,孕妇应少食海带。

四、螃蟹

古代就有吃螃蟹易流产的说法,其原因是螃蟹有活血化瘀、消肿的功效,孕妇吃后血流更畅,造成了胎动而导致流产。螃蟹性寒,易伤脾胃,小儿的消化系统功能较弱,若进食大量螃蟹,容易造成消化不良、积食、甚至腹痛、呕吐等不适症状。

五、鱼片干

鱼片干中氟元素含量是牛、羊、猪肉的2 400倍,小儿摄入过量的氟会使牙面出现斑点、条斑,呈黄色,即形成"氟斑牙",一旦形成无法恢复。

鱼片干、鱿鱼丝之类即食水产品还含有较多的亚硝胺和苯并芘,这两种都是致癌物质,小儿不宜多食。

第三节　老年人、体弱者慎食的水产品

一、鱼肝油

鱼肝油含有维生素A、维生素D，能促进肾组织的钙化，用于治疗小儿的佝偻病，而老人体内的钙、磷无机盐相对增多。因此，骨骼硬又脆，容易发生骨折。鱼肝油能够促使钙质在骨骼内沉积，使骨含钙量增加。因此，老年人不宜多食鱼肝油。深海鱼油含有丰富的二十二碳六烯酸(DHA)(俗称脑黄金)，可以预防或减缓老年痴呆症，但一旦换上了老年痴呆症，即便再补充二十二碳六烯酸(DHA)也无济于事。相反，老年人长期服用二十二碳六烯酸(DHA)保健品反而有害健康，可增加老年斑，影响脂肪酸配比失衡，如果服用剂量较大，有增加出血的危险。

二、螃蟹

老人、体弱者不宜多食螃蟹，以免造成肠胃不适。

三、海带根

海带根中铝含量较高。铝虽然是一种低毒金属，但长期食用也会对人体造成危害，如诱发老年痴呆症，故老年人应少食海带根。

附录 A
养殖水产品的质量安全监管状况

早在 2007 年,我国各级政府及主管部门就先后制定了一系列有关养殖水产品质量安全监管方面的法规、文件以及相关的标准、规范;组建了相应的监管组织机构;并且建立了渔业档案制度、地产水产品质量抽查制度、"准出"制度和流通可追溯体系,从生产源头实施了水产品质量、安全监管。

一、有关养殖水产品监管的法规、文件和标准

2000 年,上海市质量技术监督局颁布了《上海市安全、卫生、优质水产品地方标准》,并制定了《安全、卫生、优质水产品养殖操作技术规程》《安全、卫生、优质水产品标准》。2001 年,农业部试点开展《京、津、沪、深实施无公害食品行动计划》,要求北京、天津、上海、深圳四大城市在 2~3 年里实现农产品从农田到餐桌(水产品从鱼塘到餐桌),包括生产环境、生产过程、加工流通全过程的无公害管理。同年,上海市政府颁发了《上海市食用农产品安全监管暂行办法》,并制定了《上海市健康养殖操作规范》《上海市健康养殖推荐使用的渔药目录》《养殖水产品安全、卫生、质量承诺书》。2002 年,农业部颁布《全面推进"无公害食品行动计划"》的实施意见。同年,农业部、国家质量监督检验检疫总局发布关于《水产品药物残留专项整治计划》。2003 年,我国正式实施《水产养殖质量安全管理规定》(农业部第 31 号令)。这是我国第一个全面规范水产养殖生产各环节的法规。同年,上海制定了《上海市水产养殖质量安全管理实施方案》。2006 年,我国正式实施《中华人民共和国农产品质量安全法》,进一步健全了我国对农产品质量安全监管的规范。2007 年,上海市对市场销售的多宝鱼检出药物残留量超标,引起了农业部领

导的高度重视,立即召开会议,并发出《关于水产品质量安全专项执行行动的通知》。紧接着上海制定了《水产品质量专项整治行动工作方案》。2009年,农业部颁布了《关于全面推进水产健康养殖,加强水产品质量安全监管的意见》。同年,农业部办公厅印发《产地水产品质量安全监管抽查工作暂行规定》的通知。

二、有关养殖水产品质量安全监管的组织机构

2000年,上海成立了"农产品质量认证中心",2001年成立了"上海市食用农产品安全监管领导小组及办公室",又把建立"主副食品流通安全防范监测网络"作为2001年上海市政府十大实事工程之一。为了加强水产品安全监管,必须抓住"两场"(水产养殖场和水产批发市场),管住"两头"(生产源头和市场龙头)。上海市水产系统分别建立了水产养殖和水产品加工流通两个三级监测网络。

"上海市水产养殖业三级监测网络"的第一级是以上海市水产品质量监督检验站、上海市渔业环境检测站、上海市水产病害防治中心、上海市水生动物检验检疫站为主体的市级检测机构。第二级是在各区(县)水产病害防治中心分中心的基础上建立区(县)级检测机构。第三级是选择一批管理比较规范、基础条件比较好的水产养殖示范基地、大型良种场作为监测点,建立生产档案和生产日志制度,对养殖全过程实行监控,从而构筑起上海市水产养殖监测网络。2001年,三级水产养殖场监测点有20个,2002年发展为100个,2003年发展为339个。"上海市水产品加工、流通、三级监测网络",是由上海市水产品质量监督检验站、2家水产品加工企业和6家水产批发市场组成。2001年,检测就覆盖全市水产品交易量的75%。2002年,水产批发市场监测点扩大到8家,水产品安全检测率达85%。2003年9月1日我国第一个全面规范水产养殖生产各环节的法规《水产养殖质量安全管理规定》正式实施,表明我国水产品养殖安全在全国范围内得到各级政府和部门的充分重视。2007年,又成立了"上海食品安全评中心",上海已建立了"1+6+9"的食品安全检测格局。"1"指的是以1个国家级食品质检中心为龙头;"6"指的是以6个区县级食品检测实验室为基础(其中一个

是"水产品专业质量监督检验站"设在上海市水产研究所内);"9"指的是以9个专业食品检测实验室为补充。2010年,又在全国率先成立了"上海市食品风险评估专业委员会"。2011年,成立了"上海市食品安全委员会"。

三、养殖水产品质量安全监管的具体工作

1. 建立渔业档案制度

2001年,建立了"上海市水产养殖三级监测网络",在第三级20家水产健康养殖示范场建立了监测点,采样(监控)养殖水面近3万亩(1亩=0.0667公顷),约占全市精养鱼塘的15%。按照上海市质量技术监督局2000年颁布的《上海市安全、卫生、优质水产品地方标准》的要求,建立生产档案和生产日志制度。养殖生产档案主要包括:养殖水质状况、饵料和渔药使用情况等。在水产养殖生产全过程坚持质量检测制度、安全卫生质量跟踪制度、质量合格检验证明制度和质量承诺制度。档案和日志专人负责、记录完整、建档保存,便于查询和追溯。2002年,监测点扩大到100个,监控养殖水面达8万亩。2003年,监测点又扩大到339个,监控养殖水面达18.14万亩,全市精养鱼塘基本上实行了水产养殖健康管理。

根据农业部有关加强水产品安全监管的精神,上海又制定了《水产养殖质量管理实施方案》,提出在2004~2006年里,对全市养殖水面实行全面监控和制度化管理。全面执行"五项制度""两项登记",进一步完善档案渔业信息管理数据库,逐步实施互联网管理。"五项制度"即生产日志制度、科学用药制度、水产品加工企业原料监控制度、水域环境监控制度和产品标签制度。"两项登记"即水产养殖生产记录和水产养殖用药记录。

2. 建立地产水产品抽检制度

2001年"上海市水产养殖三级监测网络"建立后,同年就重点对花鲢鱼进行了监测工作,在全市9个区县共采集花鲢鱼头共计110只,对鱼头内的铜、锌、铅、镉离子的含量进行了测定,检测结果为本市精养鱼塘养殖的花鲢鱼头内的重金属残留量总体都低于《国家食品卫生标准》

及《上海市安全、卫生、优质水产标准》。2003年,又开展了黄鳝激素残留的科研试验,从黄鳝的监测数据证明,黄鳝体内未检出激素残留。2007年,上海出台了《水产品质量安全与专项整治行动工作方案》,又加大了对地产养殖水产品的抽检力度,上海淡水鱼抽检的合格率在全国名列前茅,大宗淡水鱼(鲫鱼、鳊鱼等)的合格率是所有水产品中合格率最高的。历年来,上海地产水产品抽检合格率保持在98%以上。2013年,全年抽检的地产水产品649件,仅有1例不合格,合格率达99.8%。

地产水产品的抽查项目包括孔雀石绿、硝基呋喃类代谢物、氯霉素、喹乙醇、磺胺类、环丙沙星、恩诺沙星、甲基睾酮和己烯雌酚等渔药及铜、锌、铅、铬、镉、汞等重金属和无机砷。

3. 建立地产养殖水产品"准出"制度和流通可追溯体系

为了保障食用水产品质量安全,按照"强化源头管理,加强供应监测,完善产销对接,实施全程监控"的原则,确保水产品来源说得清,去向说得明,质量信得过。2009年7月,上海发布了《上海市食用养殖水产品"准出"工作制度(试行)》,在国内率先执行了地产养殖水产品"准出"制度,规定水产品上市和进入市场必须凭地产证明。通过审核、网站公示,同年全市有25家水产养殖场取得了上海市水产行业协会颁发的上海市食用养殖水产品准出证明。2010年扩大为31家,2011年扩大为105家,2012年扩大为130家,至2013年达152家,覆盖的水产养殖面积达12.7万亩,确保了地产水产品来源可查证,去向可追溯,责任可追究。

上海早在2006年就在全国率先开始对猪肉试行追溯体系建设。自2008年后,食品流通安全信息追溯体系建设,每年都列为市政府实事项目。市政府专门成立了由副市长任组长的追溯体系建设领导小组,在市商务委设领导小组办公室作为常务机构。2011年市政府实事项目之一的"水产品流通安全信息追溯体系项目"试点工作启动。在铜川、百川等水产市场和31家标准化菜市场进行试点,主要内容之一是建立水产养殖产地证明制度,2012年新增了6家水产批发市场,200家标准化菜市场,2013年又扩大到20家配送中心、200家大卖场、47家标准化菜市场推行这一项目。水产品追溯体系建立后,从"鱼塘到餐桌"

的全程,在几分钟之内即可查到源头及相关经营者信息,一旦发现问题,可以立即采取召回、封存等措施,及时控制食品安全事故的危害程度,确保市民食品安全。

4. 建立水产品质量安全监督四级网络

为了加强养殖水产品质量监管的力度,在原有的市、区(县)、乡(镇)三级水产品质量安全监督网络基础上,2008年起在奉贤区奉城镇和青浦区练塘镇试点建立了村级水产监管员网,聘用了73名村级水产监督员,监管水产养殖面积3.1万亩,解决了水产品质量安全监管最后一公里的问题。2009年又扩大到6个镇,聘用177名监督员,监管水产养殖面积10万亩;2010年又扩大到18个镇,聘用288名监管员,监管水产养殖面积13万亩,2011年聘用了305名监管员,监管水产养殖面积13.7万亩。

附录 B
水产品与其他食物相克溯源

有关水产品与其他食物的相克溯本追源，所谓"食物相克"的说法主要来源《食疗本草》《本草纲目》《饮膳正要》等医药学古籍。由于古代医学水平有限，中医师对于毒素污染、细菌污染、食物过敏等引起的食物中毒知识不甚了解，仅根据患者所食的食物出现的不良症状来判断病因，往往把病因误归为"食物相克"。中医是经验医学，通过观察现象来判断结论；而西医营养学根本就不存在任何相克的概念。西医是循证医学，讲究证据，要证明两个食物同食会中毒，必须要有理论依据，实验研究支撑和临床病例佐证。因此，不少学者对"食物相克"持质疑的态度。

早在 1935 年，南京民间曾误传"香蕉与芋艿"同食会导致食物相克而中毒，引起了我国一位生物化学家的兴趣。他收集了民间流传中的 184 对相克食物，从中选择了日常生活中同食机会较多的 14 组（其中包括"螃蟹与柿子""螃蟹与石榴""鲫鱼与荆芥""鲫鱼与甘草"），让动物和人（包括他本人）进行试吃。在食后的 24 小时内，所有参试的动物和人都没有出现任何中毒的迹象。近年来，一方面消费者对食物的要求从"吃得饱""吃得好"提升到"吃得安全"和"吃得健康"这一层面；另一方面，食品安全问题频发，消费者对"食品安全"的关注度加强。因此，"食物相克"的说法又被广泛误传。从 2009 年开始，中国营养学会与兰州大学、哈尔滨医科大学合作，同时开展了动物实验和人体试食研究，兰州大学选择了 5 对相克食物，由 100 名健康志愿者试食，连续吃一周，未出现哪一组食物有任何不良反应及临床症状。哈尔滨医科大学另选择了 12 对食物（其中有"海带炖豆腐""海带熬带鱼""海带拌水果"），由 30 名志愿者连食 3 天，也未发现异常。两所大学的人体试食结果，进一步证实"食物相克"的说法缺乏科学依据。营养专家列举了大家熟知的"虾与维生素C"同食,会产生砒霜的例子。虾中含有"五价砷"化合物,它本身对人体无毒,但维生素C会把它转化为剧毒的三价砷计,即砒霜。如果按国家标准每千克虾含有0.5毫克无机砷计,需要摄入上百千克的虾才有可能达到中毒的剂量(砒霜最低致死的剂量为70毫克,含砷53毫克)。

从中医理论来讲,食物都有其性,即"寒""热""温""凉"。不同物性的食物共同作用于人体,可能会发生一些"相反"的不良反应,但这些不良反应往往是因人而异的。比如流传甚广的"螃蟹和柿子相克",两者都是寒性的,对于虚寒体质的人来讲,同食后非常容易引起消化不良或腹泻。从现代科学来讲,这一道理还是成立的。柿子中含有大量鞣酸(单宁),螃蟹中含有大量蛋白质,鞣酸和蛋白质会形成不易消化的物质(柿石)沉淀,从而影响胃肠功能。因此,"食物相克"的说法只不过是生成一些不易吸收的物质而已,并不是真正变成了"有毒物质",对于正常健康的人来讲,并不会造成不良影响。不过,相信"食物相克"的说法,也不会给人体带来什么危害,但对于少数胃肠功能差或过敏体质的人群来讲,也许"忌口"是有益的。

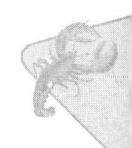

参考资料

[1] B. W. 霍尔斯特德. 世界海洋毒鱼. 杨纪明, 赵仲康译. 北京: 科学出版社, 1984.

[2] 高鹤娟. 食物中有害物质. 北京: 化学工业出版社, 2000.

[3] 伍汉霖, 金鑫波, 倪勇. 中国有毒鱼和药用鱼类. 上海: 上海科学技术出版社, 2005.

[4] 王朝瑾, 张饮江, 谈向东. 水产品保鲜与运输实用技术问题. 北京: 化学工业出版社, 2006.

[5] 彭珊珊. 食品安全与营养健康科普. 北京: 中国轻工业出版社, 2006.

[6] 黄舫. 远离过敏体质的自然疗法. 上海: 文化出版社, 2006.

[7] 林洪, 江洁. 水产品营养与安全. 北京: 化学工业出版社, 2007.

[8] 刘红英, 齐风生, 张辉. 水产品加工与贮藏. 北京: 化学工业出版社, 2008.

[9] 王清华. 食品安全大透视. 黑龙江: 黑龙江科学技术出版社, 2008.

[10] 谢良玉. 谁动了我的菜单. 上海: 上海科学技术出版社, 2004.

[11] 万宝国. 问题食品100种. 上海: 文化出版社, 2008.

[12] 冯昭信, 崔铁军. 科学保健鱼营养美食. 北京: 海洋出版社, 2008.

[13] 范守霖, 朱伟利. 水产品食用安全指南. 北京: 中国劳动社会保障出版社, 2009.

[14] 魏志宇. 放心水产品养殖关键技术. 湖北: 湖北科学技术出版社, 2010.

[15] 李光普, 郑捷. 鱼类加工实用技术. 天津: 天津科技翻译出版公司, 2010.

[16] 杨冠丰, 张啟全. 我们还能吃什么. 广东: 广东科学技术出版社, 2012.

[17] 于夭姝, 任守爱. 对朝鲜进口鳕鱼异尖线虫及其活力的监测情况. 中国动物检疫, 2000, 3.

[18] 张双灵, 周德庆. 水产品中寄生虫危害分析及预防措施. 中国水产, 2005, 3: 65-66.

[19] 杨先乐, 喻文娟. 对孔雀石绿的药用及其思考. 水产科技情报, 2005, 5: 210-213.

[20] 刘国信,郑春宇.孔雀石绿拉响食鱼安全警报.水产科技情报,2006,1:11-12.
[21] 姜治忠.从北京"福寿螺事件"看生食淡水水产品的危害性.水产科技情报,2006,4:16-17.
[22] 许永安,廖登远.贝类净化中试生产工艺技术.福建水产,2007,3:14-17.
[23] 丁正峰,吴兴红.我国水产品中人畜共患寄生虫的感染现状及检测技术研究概况.渔业现代化,2007,1:55-57.
[24] 杨治国,林伟.人鱼共患疾病.河南水产,2009,3:37-38.
[25] 陈刚,申玉春.我国水产品药残的现状.海洋与渔业,2007,4:7.
[26] 郭少忠,王少敦.出口鳗鱼药物残留的成因追溯及调控措施.海洋与渔业,2007,11:10-11.
[27] 罗卫江.浅谈我国渔业环境现状及保护措施.内陆水产,2007,12:4-6.
[28] 李永生,薛平新.抗菌素药物残留的危害.吉林渔业,2008,2:27-28.
[29] 徐爱民.黄曲霉素在水产养殖中的危害.水产养殖,2008,3:41.
[30] 苏来金,周德庆.水产品中诺如病毒检测技术研究进展.渔业现代化,2008,5:34-37.
[31] 王焕玲,梁玉波.我国麻痹性贝毒的研究现状.水产科学,2008,7:374-378.
[32] 杨桂梅,鲍宝龙.河鲀和河鲀毒素之间关系的研究进展.上海水产大学学报,2008,6:734-739.
[33] 穆迎春,马兵.甲基睾酮对水产质量安全和人体的影响.海洋与渔业,2008,8:16.
[34] 肖潘潘,张文.黄鳝是激素催肥的吗.人民日报,2012-6-27:4.
[35] 乔庆林.淡水鱼特有的食源性危害研究.上海渔业经济,2009,3:16-17.
[36] 张巧云,朱永祥.连锁经营是河鲀安全利用最佳模式.海洋与水产,2009,4:25-28.
[37] 孟雪松.河豚出口受阻呼吁开发国内市场.中国水产,2009,4:23-24.
[38] 乔庆林.水产品特有的食源性危害与控制研究的进展.现代渔业信息,2009,6:9-15.
[39] 朱文慧,步营.国内外水产品中重金属限量标准对比分析.水产科技情报,2009,6:271-274.
[40] 黄玉柳,黎小正.贝类污染腹泻性贝类毒素的调查研究.水产科技情报,2010,1:21-23.
[41] 孙岁寒.鱼苗追求高雄性率性激素使用失管.南方农村报,2010,1:55.

[42] 乔庆林.我国贝类净化产业发展战略探讨.现代渔业信息,2010,10:3-4.
[43] 郑燕云.之前是红的绿的,我遇到黄的.南方农村报,2010,12:23-24.
[44] 施进.出口水产品中使用添加剂的初步探讨.当代水产,2010,12:46-50.
[45] 官章全.黄鳝用避孕药喂养纯属谣传.渔业致富指南,2010,17:14.
[46] 张农,黄捷.节织纹螺毒力的季节变化规律.上海海洋大学学报,2011,4:553-556.
[47] 刘欣,姚晗珺.世界主要贸易国对食品过敏原的法规和要求及对中国的借鉴.世界农业,2011,8:59-61.